大師如何設計

# 最理想空間規畫

瑞昇文化

# 大師如何設計：最理想空間規畫

CONTENTS

## PART 1 以開放式空間配置打造身心舒暢的居家 004



## PART 2 利用收納展現的開放式空間配置 068

PART 3 徹底研究以廚房為主體的空間配置 100

102 在眺望綠道景色的廚房裡，享受美食談天說地的家
T公館　設計＝莊司毅／莊司建築設計室

110 一家5口鬧哄哄的「飯廳」型廚房空間
M公館　設計＝長濱信幸／長濱信幸建築設計事務所

116 掌握LDK空間的關鍵，視線良好的簡樸廚房
川嶋公館　設計＝高安重一／Architecture Lab

122 廚房是我家的眺望台。生活緊鄰清流的景色
N公館　設計＝納谷學＋納谷新／納谷建築設計事務所

128 以差層式連接，充滿家人歡笑的廚房
F公館　設計＝並木秀浩／A-SEED建築設計

PART 4 帶來舒適感的高級浴室 134

136 藉由浴室的居室化徹底療癒
H公館　設計＝甲村健一／KEN一級建築士事務所

138 沐浴在日光下，面向中庭的浴室
S公館　設計＝高安重一／Architecture Lab

140 溫柔包覆浴室的綠色瓷磚
M公館　設計＝彥根Andrea（アンドレア）／彥根建築設計事務所

142 協力建築師介紹

請各位讀者注意，本書內容與建物基本資料由刊載在季刊『My HOME+ 』當時的資料彙集而成。

PART 1

## 想要納入自然景色，豁然開朗地生活

# 以開放式空間配置打造身心舒暢的居家

若想要個舒適、適合自己生活的「我的住家」，
不要劃分成為狹小空間，專注在寬廣的生活的居家空間吧！
即使受限於生活型態、及各式各樣的房屋建築條件，
若是採取開放式的空間配置，理所當然地就能確實地掌握空間的流動。
首先就來看看實現理想的生活、優質的空間規劃吧！

02 納入景色，與綠意共同生活。擁有餘裕的開放空間居所

貞苅公館　設計＝本間至／bleistift

01 在室內營造出寬廣與明亮度，一眼望穿的住所

H公館　設計＝石原健也＋中野正也
denefes企劃研究所

03 一面感受微風輕拂、沉浸在木作的懷抱 一面享受食趣的都會型法庭建築

本間公館　設計＝西久保毅人／NIKO設計室

04 透過切換樓層居住在開放大空間的小宅住家

吉田公館　設計＝飯塚豐／i＋i設計事務所

05 高低起伏的造型 呈現延伸的扇形居家空間

久世公館　設計＝堀部安嗣／堀部安嗣建築設計事務

06 傳遞家族的氛圍，令人無法停下腳步的迴遊式居家

U公館　設計＝彥根明／彥根建築設計事務所

07 擴大有限的空間生活 套房式的居家空間

今野公館　設計＝今野政彥／今野政彥建築設計事務所

08 室外空間融入室內，開放式的坪庭建築

小林公館　設計＝柏木學＋柏木穗波／Kashiwagi · Sui · Associates

09 在充分保留隱私的情況下，引入光線與通風的居家

坂森公館　設計＝布施茂／fuse-atelier

10 凝聚設計的意向由入口處 享受季節變化樂趣的住宅

H公館　設計＝甲村健一／KEN一級建築士事務所

客廳與鋼琴室間以約20㎝的段差區分出範圍。採用訂做的收納空間。在鋼琴室裡，收納的櫃子與櫃子之間放置書架，是降低壓迫感又能確保收納力的訣竅。

1 Linving

01
開放式
空間配置

# 在室內營造出寬廣與明亮度，一眼望穿的住所

## 東京都 · H公館

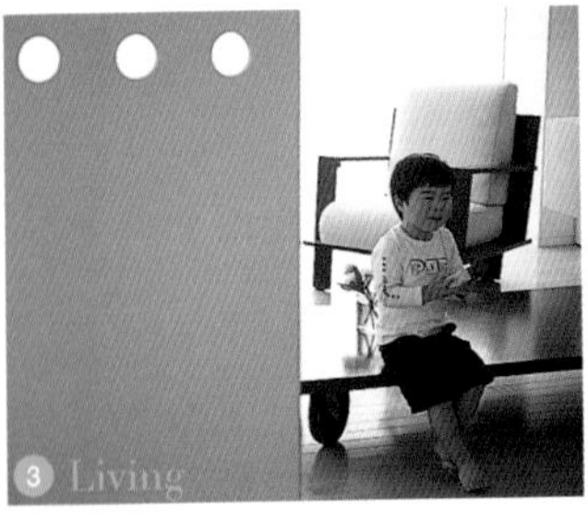

3 Living

右圖／鋼琴室裡天窗與3樓相連接，光線由窗戶注入。天井高4.2m。緊鄰的客廳因天井高度縮減至2.3m，由客廳方向望過來視野整個大開。女主人將來似乎想舉辦一場現場演奏會。左圖／客廳與鋼琴室以拉門區隔開來。除了上鋼琴課以外過著開放式的生活。完美的設計是，孩子可以注意到練習中的母親的樣子。

2 Pi[illegible] room

PLAN

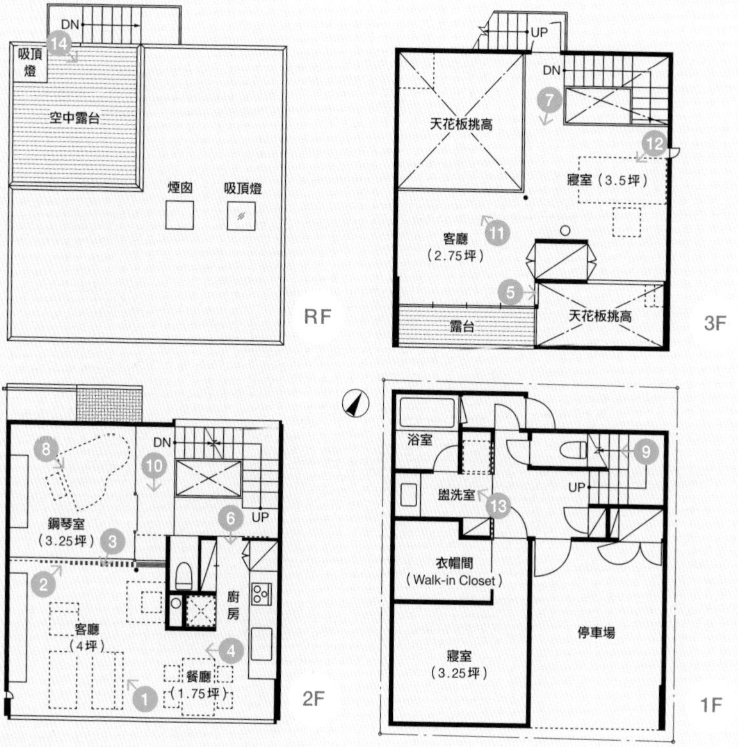


## 2・3樓 空間配置的重點

### 由下而上貫穿的風道 讓空氣經常地流動

擁有LDK與鋼琴室的2樓，除了採光需要的大型開口外，客廳的角落為了通風設置了窗戶。由這裡吹入的風通過樓梯間直達3樓。空氣不會由3樓外洩，室內經常保持著涼爽。

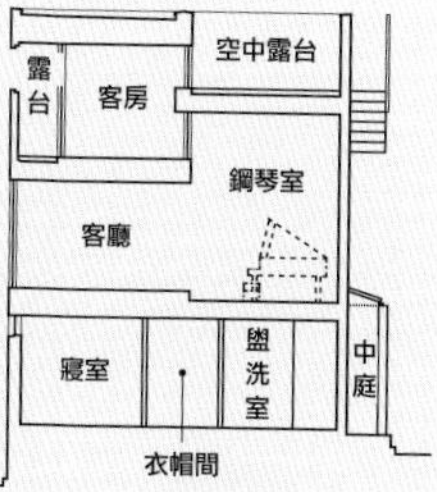


## 1樓 空間配置的重點

### 以成為生活後臺的空間 為中心而打造

1樓為停車場、盥洗室・浴室、單人房的配置。因為2、3樓空間要有充分的光線注入，主人希望只配置一個房間在其中。緊鄰道路約3坪的預備室，除了起緩衝作用之外還兼具採光。

## 剖面圖的重點

### 為了納入自然光線 而成立體的建築構成

屋頂的空中露台為3樓，2樓鋼琴室的天井也作為3樓，透過上下錯開的樓板，成功地將上方的光線導入室內空間。2樓與3樓以玻璃隔開空間，產生視覺上的連續性。

＊譯註：一疊就是一個榻榻米，所以6疊就是說那個房間有6個榻榻米的面積。日本榻榻米大小隨時代、地區有些微差異，通常的換算是2塊榻榻米等於1坪。

坐落在庭院露台對角線上，西北邊位置的開放式廚房天井。這裡也可以連結2樓與3樓。餐廳的天井高5.2m。上半部由路旁射入光線形成明亮的場所。

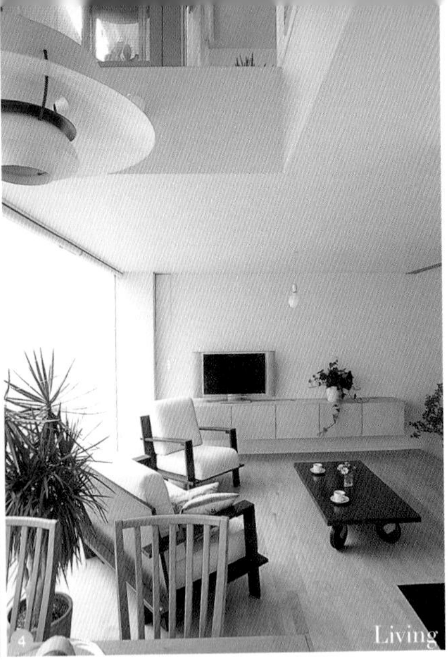


餐廳的上方為天井。由3樓注入光線。餐桌的上方有原本就配置的Louis poulsen＊PH吊燈電線延伸至下方。

充滿柔和光線的居家。這是由照片來看H宅邸的第一印象對吧！但是這個住家的建地面積只約20坪，且鄰近商店與工廠。夫妻倆向建築師石原健也先生表達了「雖然不想看見窗外的景色，但想納入自然的光線」這乍看之下完全相反的期望。「由於無法期待來自相鄰兩側的採光與通風，考慮由前方道路與內側擁有的少許空地、此外僅由上空作為與外部連接的部份」。

想要將由上空射入的光線導入整個室內空間。這時，石原先生考慮將屋頂的一部分錯開、降下半層樓。降下的部份可以打造成屋外的庭院露台。從屋內向外望，看起來就像浮在空中的庭院露台。「由交錯形成的間隙射入室內，形成不同層次光線」。

正對庭院露台下方的2樓部分作為天井，與3樓相連接。在對角線上還設有1天井，此外也設置了2個天窗。從這裡將光線導入下面樓層。樓梯間的一部分及2樓客廳的開口處，貼上半透明的雪花紋玻璃貼紙，在遮蔽視線的同時又可以僅僅將光線納入室內。「不只是在設計房間而是打造一個『場所』隨著在室內各處的移動，可以看得出各處都有相互地連結。這樣一來可以感受到比起實際空間還要來得更寬廣」。孩子可以在樓層間上下地移動、或是在室內來回地跑動，感覺相當有朝氣。「不論在何處玩耍，在家中各處都可以聽到聲音而感到安心」。能夠一方面確實地掌握孩子的行蹤，夫婦倆面露著微笑。

廚房的天井高度與客廳同為2m30cm。避開了面對面的格局設計，是能夠專心烹調的場所，並事前測量所有用品的尺寸，規畫出收納空間。

＊譯註：Louis Poulsen，丹麥燈具製造商，作品以優良品質及設計感著稱。

從3樓透過玻璃窗就可以看到2樓的鋼琴室及客廳。通過樓梯就可以聽到聲響， 太太與姊妹淘可以像這樣一面閒話家常、一面安心地讓孩子們遊玩。

Void 7

## 不論身在何處、身處何事
## 都可以感受到家人相互連結

2樓中央的區塊配置著被環繞
般的房間，可以瀏覽四處。
產生寬廣的視覺感。

8 Piano room-Living

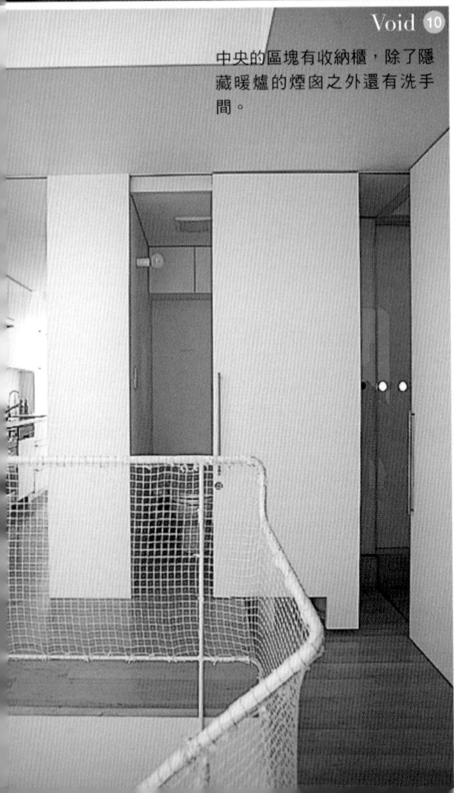

Void 10

中央的區塊有收納櫃，除了隱藏暖爐的煙囪之外還有洗手間。

9 Void

樓梯沒有安裝豎板，扶手也採用鐵絲網型。光線也可以從這裡穿透到樓下。

上・左圖／寢室的左手邊是餐廳上部的天井、正面可以看見2樓鋼琴室的一部分與屋頂的庭院露台。在室內當中融入外部風景，有點不可思議的光景。還有露台及天窗，大量的光線由各處射入室內。

屋頂上的庭院露台除了採光的功能以外，還是遮蔽外來視線、能夠與室外相連的重要場所。在假日的早晨享受早餐、或是招待客人來場烤肉Party，可以靈活地運用在各種用途上。

浴室位在北邊，入口四周由牆壁環繞，透過其中小小的縫隙納入光線與通風。與洗臉台間用玻璃區隔。雖然在有限的空間裡卻感受不到狹隘。

01
開放式
空間配置

攝影／石井雅義

DATA

設計＝石原健也＋中野正也／denefes企劃研究所
家庭成員：夫婦＋孩童1人　構造・規模：鋼骨結構、地上3層
建地面積：66.37 m²（約20坪）樓板面積：138.30 m²（約42坪）

① Living-Dining

LDK由天井高度的差異劃分出區域。廚房是約2m5㎝的平面式天井、客廳利用2樓地板樑柱高度2m。把重點擺在兩側，強調出餐廳上方天井的開放感。

02
開放式
空間配置

# 納入景色，與綠意共同生活。擁有餘裕的開放空間居所

## 埼玉縣・貞苅公館

Dining ②

LDK。南側要顯現出寬廣，延續無段差的木棧平台。像歡迎著住在附近的女主人父母前來庭院整理花花草草一樣。妝點了鬱金香及垂絲衛矛等各種綠色植物。

PLAN

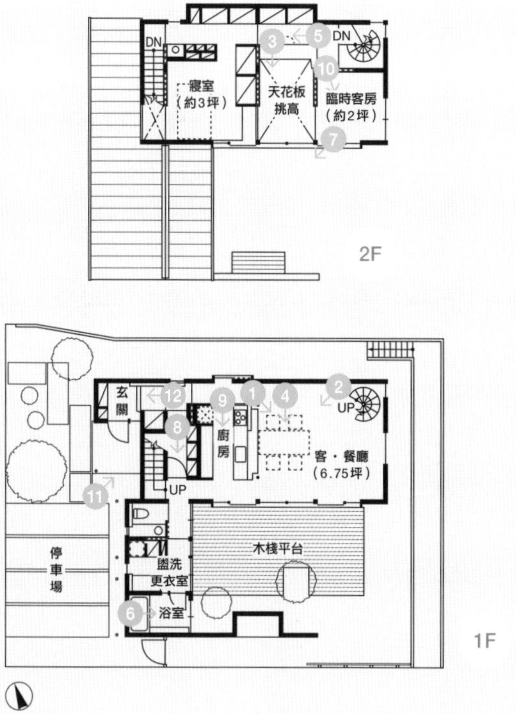


## 2樓 空間配置的重點

### 利用走廊書房&牆面收納 有效地利用有限的面積

2樓夾在挑高天花板間的有寢室與預備客房。挑高天花板間隔著拉門與各個空間相連，開放的時候能夠連結所有的起居室到木棧平台空間。走廊的中段設有書房、牆壁設置收納空間，充實生活上所需的各機能。

## 1樓 空間配置的重點

### 圍繞著木棧平台庭院露台的配置不論身在何處都能共享景色

建築物採L字型的配置開口向東南，採與LDK相同程度的面積表面鋪上木棧平台。L字型的其中一邊、浴室・洗臉等用水場所採平房，另一邊採挑高天花板的LDK。計畫不論身在何處都能享受到外面的景色。

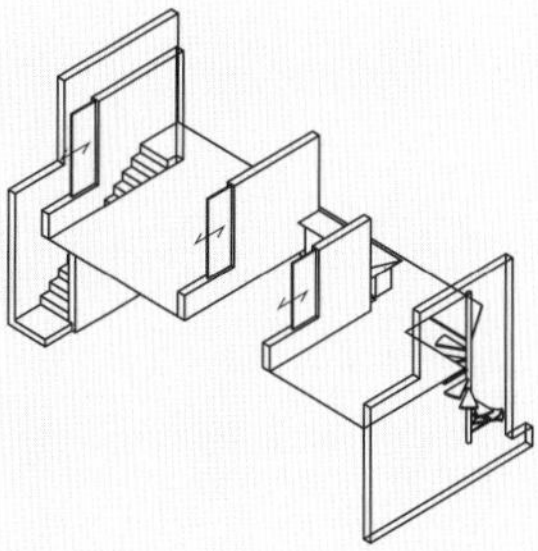

## 剖面圖的重點

### 挑高的天花板與2層樓間 上下、左右互相交錯

由於LDK的一部分向凸字型般深入2樓空間，讓2樓的2個房間因此稍微錯開，透過延長線上的開口部，視線可以直線穿越。接著配置在對角線上的樓梯縱橫交錯的連接，可以衍生出空間。

待在客廳裡就可以大口呼吸
那綠色植物傳來的清新空氣

③ Living-Dining

由上而下眺望的客・餐廳。LDK的地板是光腳踩踏也能有好心情的橡木材質地板。貓兒們似乎也心情大好的來回奔跑。

廚房、餐廳、客廳，一直線地並排。餐廳的上部為挑高天井，與2樓相連接。晴朗的日子裡，蔚藍的天空感覺就近在眼前。

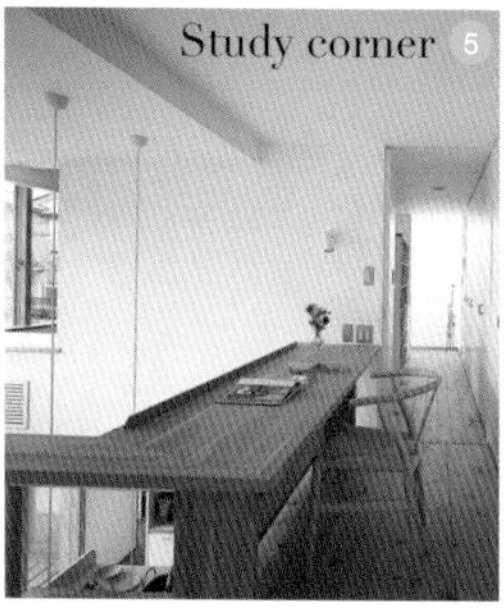


挑高天井的側邊與寢室及臨時客房相連接，走廊下打造了書房。牆面皆可以收納，取代在各個房間打造個別的收納空間，達到機能節約、在有限面積衍生出最大的空間。

在殘留豐富自然景觀的新興城市一隅，貞苅先生的住宅坐落於此。「建地東側的道路接連了櫻花樹，想要傳達能享受這樣的景色。」太太如此表達。建地面積約72坪，是三面與道路臨接的角地。東側臨接的道路比起建地約下降5～6m，其深處有寬廣的雜木叢林。另一方面，西側道路的景色則與新興城市的街景相連。接受設計委託的本間至先生，特別將注意力放在這2種迴異的景色與室內空間關係的鏈接。

首先，面對西側道路，由南到北整面封閉作為建築物的門面。由玄關入內，從那延伸的走廊為狹長型，如同一個小型隧道。穿過走廊景色為之一轉，出現明亮的LDK。計畫在這裡初次發現到東側的雜木叢林。

位在LDK的南側，連接著與客廳・餐廳幾乎相同面積木棧平台。走出木棧平台，雜木雜林立刻浮現在眼前。

太太還希望不要孤立了廚房，希望能經常感受到主人或愛貓的關注。為了縮短家人之間的距離感而設置餐廳的挑高天井，貫穿了集中在2樓起居室的部分建築。

除此之外，這個家有2個樓梯，分別配置在東西兩側。「來回地走動像是沒有盡頭」太太說。一方面縮短了家人之間的距離，一方面增加了視覺上的開放感。雖然是建坪約28坪的小型化住宅，但是納入周圍的空地，讓這個家具備舒適的寬裕感。

Deck 7

木棧平台打造的庭院露台是第二客廳。假期的夜晚，夫婦倆一面眺望星空、一面把酒言歡等等，不只限於白天、夜晚也同樣精采。

6 Bath room

地板採磨石子地、牆面使用檜木的純和風浴室。浴室位於相對鄰家及東側道路死角的場所。打開窗戶可以一面眺望庭院的綠意、一面寬衣入浴。

9 Kitchen

8 Storage

## 02 開放式空間配置

左2圖／廚房與浴室・掃具間相連，家事動線更流暢。採用木棧平台，即使舉辦宴會Party也能馬上運送料理，相當方便。廚房內有隱藏式收納。由玄關可以直接通達浴室。

東側的樓梯還打造了另一個，訪客可以向這樣不經過夫婦寢室前方，而直接通往臨時客房的設計。「沒有盡頭的動線，感受不到狹隘感」太太說。

位在西北邊的入口。正對這2個方位、雖然基本上是關上門的貞苅公館，從玄關門側邊的縫隙納入光線。設置了大容量的收納鞋櫃相當俐落。另外也有衣帽間。

像這樣為了進入室內可以意識到東側的景色，而關閉了西側。但是，不要隔開二側而是在道路與建物之間設置了植栽。植栽成了面對街道的綠意緩衝帶，降低了建物的壓迫感。

撮影／石井雅義

DATA

設計＝本間至／bleistift
家庭成員：夫婦　構造・規模：木造・地上2層樓
建地面積：238.63 m$^2$（約72坪）樓板面積：91.49 m$^2$（約28坪）

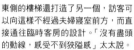

1 Living

1樓的天井正在作最後的修飾。以沉穩為主題的餐廳構造外露，客廳呈開放狀態。白色的磁磚也讓客廳呈現明亮的效果。

03
開放式
空間配置

# 一面感受微風輕拂、沉浸在木作的懷抱，一面享受食趣的都會型坪庭建築

**東京都 · 本間公館**

＊譯註：坪庭是日本傳統住宅的一個詞彙；原本是指京都街屋裡有土部分的狹長空間。後來也就成了人們利用房子之間有遮蓋、用作觀賞的小庭院。泛指日本園林中最小的庭院。

PLAN

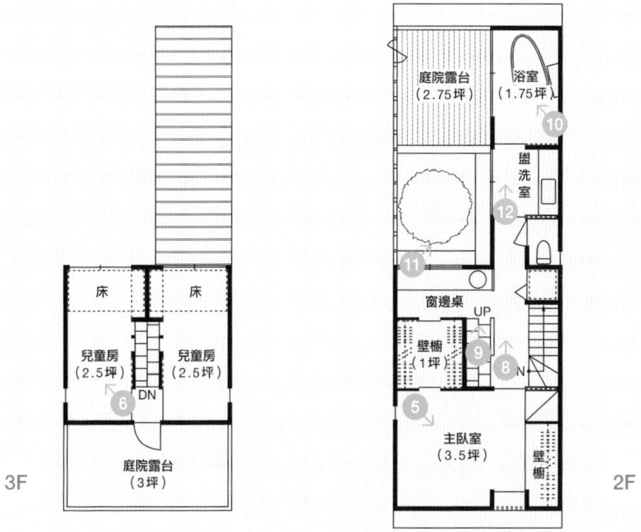

## 2・3樓空間配置的重點

### 附上光線明亮的露台的浴室等充實的我的私人空間

寢室由於不那麼需要自然光線，因此設置在北側。這是考慮到氣窗的設置及通風。面對中庭的書房可以一面遠眺庭院的綠意，一面使用個人電腦。浴室為了鄰接庭院露台，將兒童房往3樓配置。

## 1樓空間配置的重點

### 中庭夾在LD之間配置以廚房連接2個空間

配合細長型的土地形狀，在一直線上並排著餐廳、中庭與客廳。一入玄關立刻到達餐廳。廚房作業的空間幅度拉長，也兼顧了通往內側客廳的通道。

＊譯註：日式住宅的地板裡，高度和外面的地面差不多的稱之為「土間」

考量到女兒通學的情形，本間先生在衫並地區尋找適合家人住得習慣的土地。買入的是三方鄰接住宅、南北細長形約30坪的建地。接受委託設計的西久保毅人先生，感覺到似乎要搭建一棟有趣的住宅。

一打開玄關門，立刻進入了餐廳。土間與餐廳之間既沒有間隔、也沒有明顯的段差，就這樣直接可以設置一張餐桌。「享受吃飯的樂趣」依照家人表達的希望，首先完成的是可以品嚐美酒、愉快地吃飯的場所。按照主人的期望讓照明一口氣聚焦、如同現代居酒屋一般演出雅緻的氛圍。

「到目前為止居住在２ＤＫ的公寓，家族4個人幾乎很少聚在同一個空間。既然要建立一個家，比起家人各自在各自的空間生活，更希望有個家人能夠聚在一起的場所。

面向中庭的餐廳。因為由玄關到這裡皆沒有段差，能夠就這樣直接入座。能一面感受到令人舒爽的涼風、一面享用美味的料理。

## 由綠意的中庭納入光線與微風生出寬闊的空間感

接著，夫婦倆說明希望有個能夠感受到家人間的聯繫、沒有區隔的開放空間。愉快的用餐時間有中庭的綠意妝點。正中央栽種了家人選擇的四照花。冬天會落下樹葉長新芽，過了綠葉期會開滿白色的花。

「藉由四季變化而有不同日射角度的陽光，能夠感受到時光的流轉，也感覺到更親近了大自然」太太說。

夾住中庭、位在南側的是客廳。用完餐，夫婦倆可以一面舉杯品嚐美酒、一面眺望邊看電視邊放鬆心情的女孩們。家人們可以越過中庭，經常相互確認彼此的動態。

2樓，主人的希望與餐廳相同，希望打造一個附有庭院露台的浴室。浴缸的設計，選中大小可以讓身體輕鬆伸展的義大利agape公司的「SPOON」系列。在越過庭院露台與中庭相連接的場所裡，每天在喜歡的浴缸裡泡完澡再上班去。

4 Terrace

從餐廳往客廳眺望的情形。用完晚餐之後，女孩們往客廳移動。夫婦倆可以一面越過中庭眺望女孩們的動態、一面開心地繼續用餐。

由廚房也可以看得見中庭。雖然也考量到整體的收納，但多虧了高度限制才能夠引入光線到廚房，增加了室內整體的舒適感。

3 Kitchen

3樓設置了2位女孩的房間。運用可愛的粉紅色階梯交錯配置而上。約2.5坪的房間相對稱地面對中庭。北側也有庭院露台。

6 Child room

5 Bed room

主臥室沒有設置床鋪，夫婦倆似乎是鋪床就寢。由於這個房間沒有直接光線射入，特別注重通風而設置了窗戶。由氣窗吹入舒適的涼風。

Corridor 8

7 Kitchen

Desk corner 9

右上圖╱廚房使用市售的系統廚具。作業場所兼具通往客廳的通道，有一公尺的寬度。左上・左圖╱1樓為RC鋼筋建造，2樓以上為木造。鋪上松木風木地板，營造舒適的氛圍。窗邊桌角落設置了水龍頭，是考量到浴室在使用中的情況下而設計。

## 2・3樓以木座包覆 打造成充滿溫度的空間

放入agape公司的「SPOON」系列浴缸的前提，必須仰賴浴室的設計。「要在入浴的時候能輕鬆地舒展身體」設計師說。雖然浴缸不能加熱，但是有用隔熱材製作了一個專用的蓋子。

浴室的洗手臺使用粉紅色，洗臉台使用藍色的磁磚。西久保先生說：配合擁有許多色彩鮮豔西裝的男主人，而決定2樓的主題色彩。

附帶一個等候入浴的露台。也可以在入浴後坐上長椅乘涼。

攝影／石井雅義

DATA

設計＝西久保毅人／NIKO設計室
家庭成員：夫婦＋小孩2人　構造・規模：RC鋼筋造＋木造、地上3層樓
建地面積：100.00m²（約30坪）樓板面積：100.00 m²（約30坪）

＊譯註：由美國知名家具設計師Charles Eames（1907—1978）所設計的椅子

飯塚先生原創設計的餐桌，搭配上Eames＊的椅子由木工師父親手來打造。

北側有個大落地窗的2樓客廳。在充滿柔和光線的室內裡「重新詮釋了原先認為是缺點的北側道路建地的價值」吉田先生說。

04
開放式
空間配置

# 透過切換樓層，居住在開放大空間的小豪宅

**神奈川縣・吉田公館**

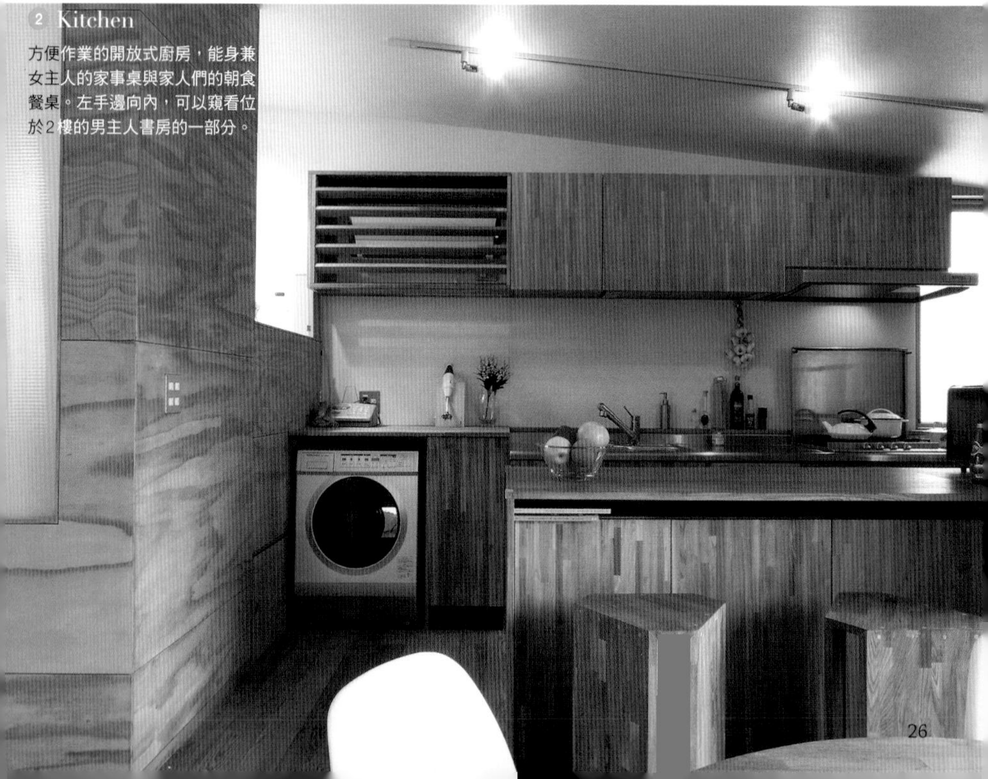


方便作業的開放式廚房，能身兼女主人的家事桌與家人們的朝食餐桌。左手邊向內，可以窺看位於2樓的男主人書房的一部分。

PLAN

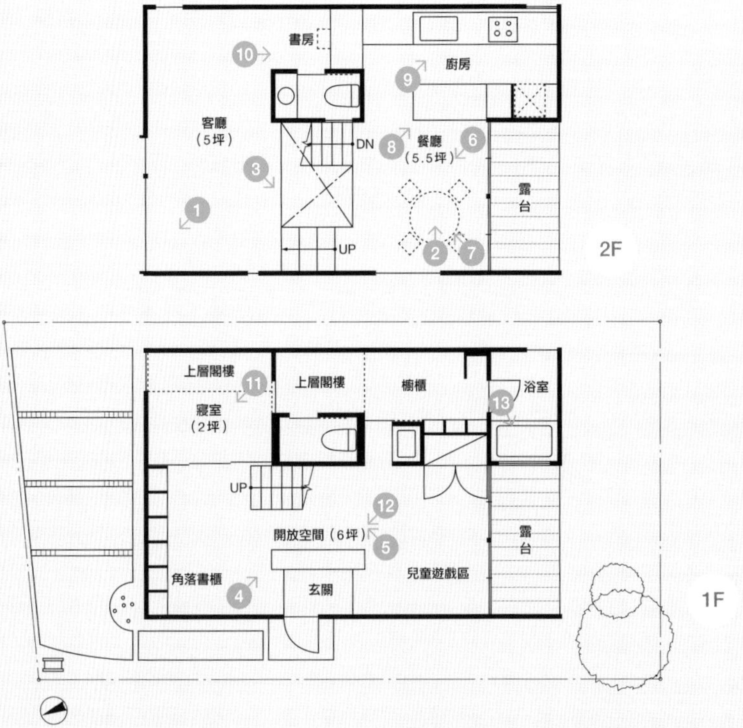


## 2樓 空間配置的重點

### 捨棄劃分房間的隔間牆壁 形成開放式空間

南北兩側透過變換樓層切換出沒有區隔的大空間，生出客廳與餐廳的區域。此外，由於透過樓層之間的段差延伸了視線，讓室內感覺上更加地寬廣。

## 1樓 空間配置的重點

### 排除無用的空間與動線 將小宅更廣泛地使用

東邊是收納、用水等生活所須必備要素的集中空間。西邊則是配置對應各種活動的大空間。廁所周邊的迴遊動線連結東西兩個區域，形成到家中各角落都能使用，排除無用場所的空間設計。

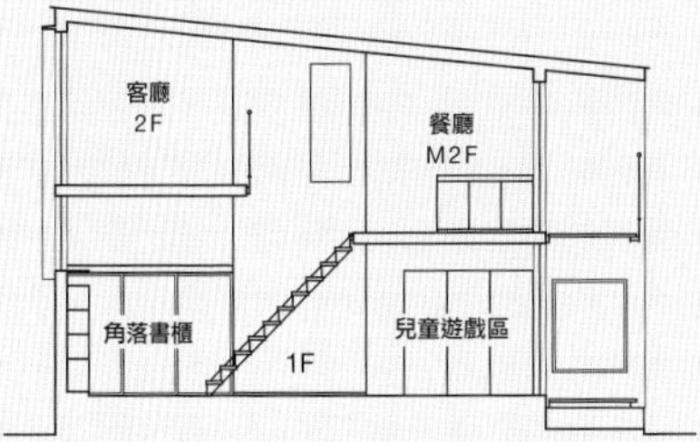


## 剖面圖的重點

### 以薄層樓板消除斷面的無用空間 在2層樓建築裡納入3層樓板＋閣樓

由於區域規定限制了建物的高度，為了排除無用的內側天井而採用特殊構造、厚度15㎝的樓板。接下來，將高處天井的一部分設計成閣樓，將平面設計無法生出的寬闊感透過垂直面生出空間。

由客廳可以向下俯瞰到1樓的玄關。立體的一房一室空間可以一面注意到家族的每一個人、也能輕鬆地發現每個人所在的場所。

1樓的開放空間。雖然只有南側一角被充當為兒童遊戲區，若是有朋友聚集、整體空間也能變成遊戲的場所。左手邊為充當空間區隔地收納櫃與盥洗角落。

開放空間的中心。打造成展示中心的模樣、位在玄關土間像是在表達身為「身邊的好鄰居」，可以自由地使用。

在住宅密集區的一角建造的黑色箱型住家。對於因為牆壁而隔開來的「nLDK」居家空間配置感到狹窄的吉田先生，向建築師飯塚先生提出「中規中矩卻不普通的住家」這樣的委託。

從3方向被鄰家包圍約30坪的建地。吉田先生認為，面向北側道路搭建住家似乎「不妥」。但是，活用北邊窗戶及樓板交錯，狹小的箱型住家也能生出明亮寬大的室內空間。

飯塚先生說因為區域規定限制了建築物的高度，因此考慮盡可能在最大限度裡生出「可以使用」的空間。所以，將無用的內側天井捨棄，採用特殊構造的薄型樓板。隨著天花板高度的變化，在高處天花板的一部分設置閣樓等，活用室內整體的垂直面。從1樓的開放空間往1樓半的餐廳．廚房及2樓的客廳．書房，以開放天井為軸、3個樓面以螺旋狀相連接成為立體的一室建築。

由北邊窗戶射入柔和的光線、灑滿整個室內空間，
由南到北有著令人心情舒暢的涼風流動

以大片的北邊窗戶為背景，看起來像浮在一層薄薄地板的餐廳與客廳。好動的小孩在開放的大空間自由的活動著。連結樓層間的樓梯也成了恰好的遊戲場所。

兩邊都能使用的系統廚具下方的食器收納櫃。桌面下方的縫隙可以放置雜誌或報紙。

壁櫥與開放式流理台全部使用合成木材。在木工工事上可以達到減低成本及機能性兩者兼具。流理台下方收納了洗衣機及洗碗機。瓦斯爐的下方有既有的配膳台可以運用。

面向通風天井有如大黑柱般貫穿空間的箱子，實際上是洗手間。對面是書房。交錯樓板設置在「大黑柱」的內面，生出垂直縱深的一室建築。

## 04 開放式空間配置

由於樓層之間延伸了視線，感覺有比起平面寬廣度更大的空間。此外，因面臨道路的北側設置了大型的窗戶，室內充滿柔和的光線，南北也有涼風貫穿流通。

聚集了女孩幼稚園同學們的吉田宅邸，依各人不同目的而出現在對應的起居場所裡，能互相感覺到彼此的動態，是不是有「聚集成室」的感覺呢？這個亦納入「身邊的好鄰居」的開放型立體一室建築，比起一般房屋更包含了生活、遊戲、學習，儼然是個「活動中心」。沒有限定用途的個人房間，反而得到充足的寬大空間。將兒童房設置在房屋的角落，若是將來有必要可以作為活動式的空間區隔。「配合變化若是能得到這樣的結果，讓人更樂於期待室內變更設計」吉田先生說。所謂「中規中矩卻不普通的住家」，就如同飯塚先生所說的是「住宅的原型」，不論是何種建地條件，都要能納入光線與通風、對應生活與家族成員構成的變化。

Bed room 11

10 Study corner

Bath room 13

12 Entrance

右上圖／2樓書房隱身在內含洗手間的「大黑柱」裡面。雖然是個小小場所，但開口正對1樓半的廚房而不會有閉塞感，有如駕駛艙般的舒適。右下圖／設置開放空間的玄關。門片沿用廚房用的紗窗、在室內側設置拉門，兼具防盜與窗簾的機能美學　左上圖／臨接角落圖書櫃的寢室。隔間採用3片中空的PC板作為拉門，非常輕巧。特意地避開個別化的寢室，採用輕隔間。寢室的上方利用挑高天花板設置了閣樓。　左下圖／開口向南面對露台的明亮浴室。由大型落地窗望向庭院可以遠眺四照花、放鬆舒適地入浴。露台地板採用工廠等經常使用的不鏽鋼格柵，樓梯下也能透出光線。

攝影／黑住直臣

DATA

設計＝飯塚豐／i＋i設計事務所
家庭成員：夫婦＋小孩1人　構造・規模：木造、地上2層樓
建地面積：100.50m²（約30坪）樓板面積：90.27 m²（約27坪）

從廚房流理台遠眺。借景逗子市區（神奈川縣東南部的城市。）殘留屋簷的綠意。梯形空間向南側窗戶寬闊延伸，將室外的景色納入室內。

1 Dining

05
開放式
空間配置

# 高低起伏的造型呈現延伸的扇形居家空間

## 神奈川縣 · 久世公館

3

雖然是小巧的玄關，因為是梯形空間而感覺有縱深。由於位在扇形的中央位置，是連接個別房間、盥洗室及連接2樓樓梯等所有要素的住宅起點。

通過紀念樹大島櫻與青梻的綠蔭，眼前是規劃為扇形中央的玄關。第三年的夏天，庭院綠樹茂密與周圍的住宅林相連接。

2 Approach

LOFT

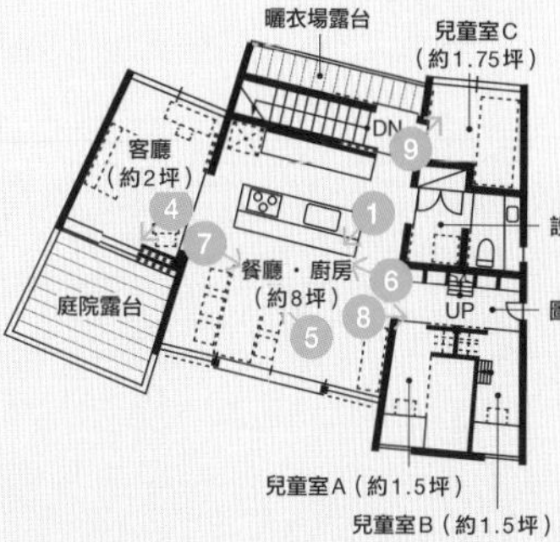


2F

## 2樓・閣樓 空間配置的重點

### 充滿個人房間的建築裡
### 空間採取有張有弛

家人聚集的餐廳・廚房，確保有餘裕的空間。一方面考量到「如果孩子們有個人空間也很好」因此將單人房極力縮減。空間採取有張有弛，強調舒適的感覺。

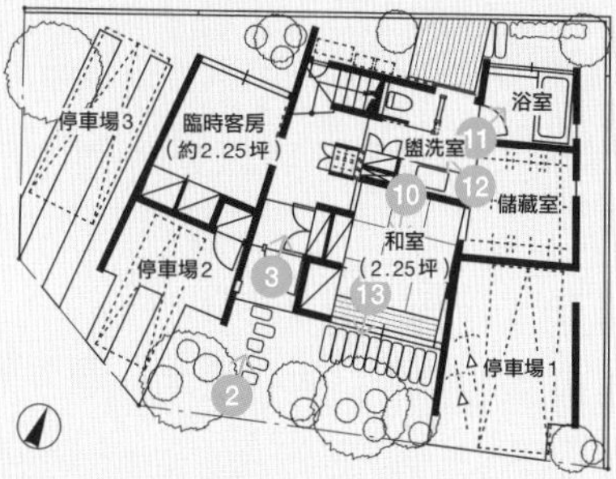


1F

## 1樓 空間配置的重點

### 抑制天井的高度
### 放低天花板成心情舒暢的空間

由於抑制整體建築物的高度，1樓的天花板僅高2m。即使最大的個人房間—和室也只有2.25坪＋鋪上木地板的寬度。雖然是小房間，由於抑制天花板的高度將視線導向水平，生出寬廣的空間感。

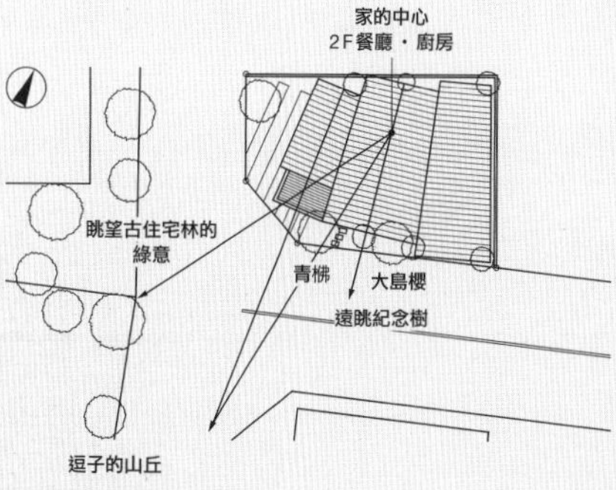


## 空間配置的重點

### 由生活容易的交叉點出發
### 所衍生出的扇形配置

位於南面狹長型的40坪角地，因為要確保居住以及3部車的停車場，將建築物劃分為3等份，而為了方便車輛進出的角度，所以採取扇形的配置。與此同時，這個角度也是方便自2樓借景進入室內的角度。

家人集中的2樓餐廳・廚房，以及鄰接的客廳。為了讓扇形的房間彼此相連接，各空間僅以最小角度展開，盡頭的牆壁比起實際上的距離感覺還遙遠。

雖然客廳只有2坪大，但因為南側面向庭院露台，視線貫穿至鄰家的綠意而有開放感。木造的門框也附上了門簾。

從餐廳望去小而整潔的客廳入口。當初雖然沒有建置書房，但在入口處側邊的牆壁及客廳的腰牆，夫婦倆各自配置了張桌子。容易生出角落的牆壁，可以對應生活上的變化。

與逗子市邊的住宅林相鄰，鋪上黑杉木地板的住家。自稱在城市裡「就像與生俱來的家」的久世先生家，融入在自然風景裡，是屋簷較低的住宅。在有限的建地裡，確保3部車的停車場及家族5人的個人房間，並且與融入這城市是久世先生的期望。因此得出來的結論是，降低角地建築物的壓迫感，採低樓層高容量的分割。此外，配合容易停車的角度，計畫由3個楔形組合成1個扇形。建築師堀部安嗣說「融入風景的低層建築」及「由車輛動線與人們生活方便度為交叉點衍生的角度」，對與城市共存相當重要，也是打造並非車輛而是以人為主的住宅的兩個主軸。

1樓為主臥室及浴室等的私人區域，天花板高度僅2m高。身為主臥室的和室雖僅2．25坪，感覺上比想像中還寬廣。這是由於採低天花板，將視線水平延伸產生的效果。此外，因為規劃成扇形而衍生出北側的露台，能將

# 向殘留屋簷的樹林街景借入風景
# 連接綠意融入自然景色



綠意與微風送入住家的各個角落。一上2樓，由家人們聚集的餐廳・客廳將空間一口氣展開。藉由壓低1樓的天花板確保2樓的高度。透過面向南邊窗戶、角度微張的牆壁，以及進入屋簷前方斜面天井的視角，能將外面的景色導入室內。另一方面，臨接的客廳雖然只約2坪，「最好不要大於現在的坪數」久世先生說。鄰接開放的餐廳，在小而美的室內才能感覺有心情舒暢的樣子。除此之外的個人房間有，由2張雙人床分割房間的2坪餘與1坪的兒童房。雖然空間狹小，但設計成梯形比起格局四方的房間感覺上來得寬廣。

　不論是任何房間或是家中各處，沒有用不到的場所是設計的基本原則。

　「以作為生活場所活化整個建築的話，即使有限的空間也能延伸居住的生活」堀部先生說。

正面右手邊的入口，是通往兒童專用的圖書室以及長男・長女的房間。左邊的入口通往也收納有垃圾桶的設備室，裡面接著是洗手間。

上圖／在久世家裡，考慮到「功課在餐桌上完成」，因此兒童房縮減到最低限度的空間。這裡是位於北側次女的房間，只有1.25坪。右圖／兒童專用的圖書室。書架的一部分作為向上的階梯，是前往閣樓的裝置。

05
開放式
空間配置

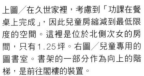

身為主臥室的1樓和室，2.25坪、天花板高2m。「平面的小空間透過高度的抑制，容易感覺到橫向的寬廣」如同堀部先生所說，就像茶室一般、即使空間狹小也能心情舒暢的房間。

面對1樓盥洗室的北側露台。因為扇形規劃而在建地界線之間生出來的三角形空隙所衍生的庭院。

盥洗室・更衣室與廁所半一體成型的用水周邊。洗手間由半透明玻璃與電熱器作為區隔。

從浴室裡可以眺望，因扇形配置而在建地界線之間生出來的室內庭院。透過壓低的窗戶，可以在避開鄰居視線的同時遠眺植栽。舒適的涼風吹過，降低了濕氣更為涼爽。

攝影／黑住直臣

DATA

設計＝堀部安嗣／堀部安嗣建築設計事務所
家庭成員：夫婦＋小孩3人　構造・規模：木造、地上2層樓
建地面積：132.27m²（約40坪）樓板面積：108.50m²（約33坪）

06
開放式
空間配置

# 傳遞家族的氛圍，令人無法停下腳步的迴遊式居家

東京都 U公館

1 Living-Dining

能打開視野的1樓平面。透過玄關、餐廳間的格子望向對側，依不同角度感覺若隱若現……。這樣的曖昧透過隔間效果可以完成。

2 Living-Dining

廚房位於水泥堆砌的牆壁內側，由側邊縫隙攝入的光線藉由牆壁反射，隱隱約約地照亮室內空間。透過擺設令人玩味的小物營造成有品味的空間。

PLAN

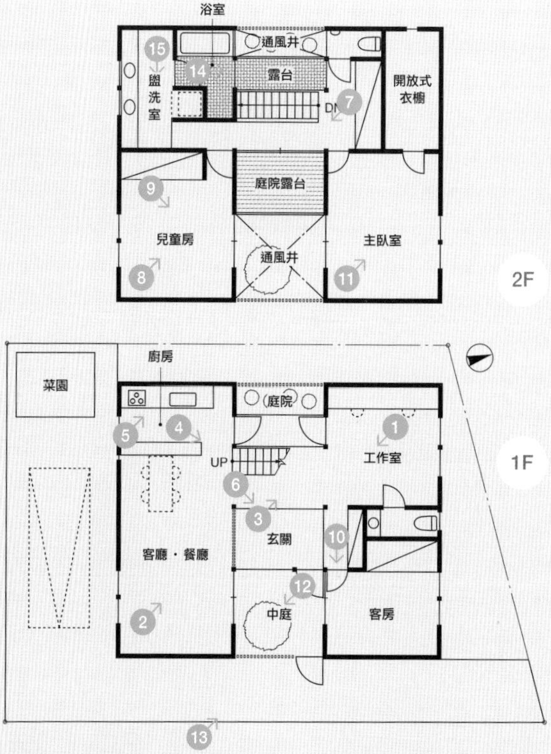


## 2樓 空間配置的重點

### 以白色為基調，明亮的2樓。部分為密閉、部分為開放空間

相對於1樓的黑色空間，2樓是以白色為基調的明亮空間。計畫是徹底地重視各個空間，雖然因為牆壁區隔開來，但由於各個房間皆面向中庭，不論在什麼地方都能察覺到家人的動態。

## 1樓 空間配置的重點

### 採取平面分配營造成舒暢的大空間

各個空間並非完全的封閉，透過地板、牆壁、通風井的修飾整理，打造成一個大型空間，利用中庭隔開、或利用格子窗來遮蔽視線。能夠感覺到空間寬闊，沒有斷差的地板也是一大重點。

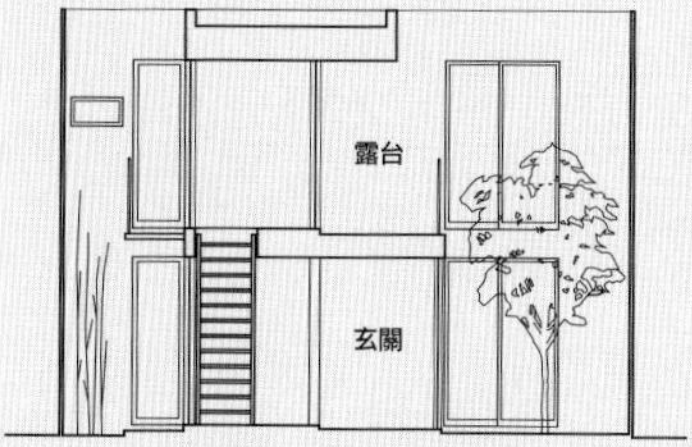


## 斷面的重點

### 縱深的中庭與階梯聯繫了人們的動態

由1樓直通上空的中庭，是只有家人才能玩味的綠意。或許也可以說是相當奢侈的一項配置。另外，隨著樓梯上下階的連結，能夠傳遞家人的動態，亦成為機能性的一項重要的存在。

# 有效地配置中庭來操作光線

這裡為工作室。為了女主人手作瓷器的上色，還設置了窯。在面向階梯的中庭伴隨著隔柵種植了寒山竹，目的是連西晒也能適度的遮蔽。

在巷弄交錯、住宅密集的下町市，突然出現的黑色箱型建築。是以藝術家為職的兩夫婦及女兒3人的住家。打開崁入一部分外牆的隔柵、立刻進入了中庭，玻璃窗間隔開來的內側為玄關。左手邊看見的是廚房、餐廳與客廳，面向右邊為工作室。不論何處都採用相同的室內設計，散發著帶有濃厚陰影、有如寧靜日本建築般的氛圍。

一到2樓，轉為明亮的寬廣空間。雖然是各自獨立，與1樓空間迴異的房間及浴室，但藉由中庭扮演連接的角色，促成整體呈現一體感。不論哪個房間都設有面向中庭的窗戶，伴隨著微風、映入眼簾的是一片綠意。

1、2樓共通的關鍵字是「迴遊性」。藉由小型通道與格間的巧思，不論身在何處都能傳遞到家人的動態、就連聲音也沒有盡頭。

接受夫婦倆委託設計的彥根明先生是身為「簡單的風格裡擁有

Kitchen 4

廚房與沒有門扉的客廳・餐廳之間由一道牆區隔。規劃成稍有密閉空間的型態。因由後門引入的光線與微風能整個穿過中庭與玄關，經常保持著涼爽的感覺。

Kitchen 5

應女主人的要求，廚房統一打造成銀色。回過頭面向後門，光線也大量的照射入內。外面設有一露台，有時會舉行BBQ的活動。

3 Work space

從玄關大廳望向設有格柵的入口處與栽種山茶花的中庭。整體彷佛呈現京都風宅邸的光與影之美。不論土間與玄關都舖設黑色玄昌石，形成有整體感的空間。

6 Entrance

設計力的建築師」。由於要實現夫婦倆「想要跳脫周圍，不要太過於融入……」的想法，因此在住宅外部披上黑色的牆壁、2個中庭設置了格柵；接下來，住宅內部不完全封閉、能展開視野的設計，滿足他們的願望。空間到處都依照女主人的品味，設置了適當的光線。

藉由建築師與住宅主人相互發揮各自領域的能力，完成了這樣一個舒適的家。

8 Child room

## 06 開放式空間配置

一上樓立刻出現的是可以看見中庭的2樓舞蹈室。還有女兒們在練習的空檔可以轉頭眺望的中庭與露台（下）。雖然不是非要不可的空間，但面向中庭的露台打造成一個休憩的場所，成為家人們無話不談的空間。

7 Terrace

9 Child room

孩子們的房間，光線由窗戶射入而變得明亮，青翠的山茶花優雅地映入眼簾。

10 Guest room

客房設置在些微距離其他房間的玄關旁，目的在保有些微的隱私。由於面向中庭有一扇窗戶，光線十分充足。有些時候女主人也會在這裡練琴。

主臥室。左手邊的門內側是開放式衣櫥。這邊也擺設了許多品味優雅的小物。女主人似乎過著「早就預定擺設目前為止適合這個家的蒐集品」而樂在其中的生活。

Bed room 11

以樓梯為中心，藉由將盥洗室（下）開始到浴室（右）、連接曬衣場前方的走廊計畫成可以圍繞一周的設計，讓動線不會因此而切斷，在有限的空間裡生出寬闊感。不論哪一個房間均可納入充足的自然光線。

Bath room 14

15 Sanitary

12 Court

Exterior 13

上・左圖／周圍並排建設了許多高樓層的集合住宅，為了實現夫婦倆的意見—幾乎不開放、無法由外側眺望的住家，彥根先生提出將整體建築物以外牆圍繞的提案。面向外牆的窗戶也採用最小限度的尺寸。而住宅內部將所有的房間面向中庭配置，計畫設計成開放式。

攝影／柳田隆司

DATA

設計＝彥根明／彥根建築設計事務所
家庭成員：夫婦＋小孩1人　構造・規模：木造、地上2層樓
建地面積：164.45 $m^2$（約50坪）樓板面積：134.15 $m^2$（約41坪）

由舞蹈室往下俯瞰客廳。今野先生說「白色與黑色，以顏色來說是較不容易捕捉的」。在室內設計的裝飾上，打造成採用較多白色、限制黑色的「樸素」空間，在家具與裝飾小物等採用綠色與紅色，發揮點綴「色彩」的效用。

1 Living

Piloti 2

活用停車場的入口大廳，一下車立刻進入了玄關、相當方便。另外似乎也成為了「提高與住宅地區關連性」的場所。可以看得見因躲雨而逗留的人們。

07
開放式
空間配置

# 擴大有限的空間生活，套房式的居家空間

**東京都・今野公館**

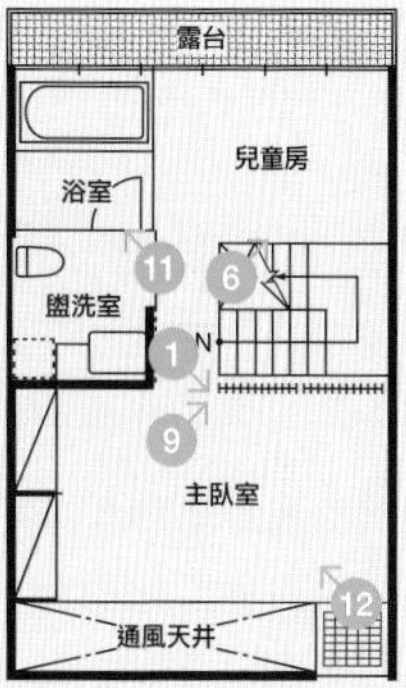


3F

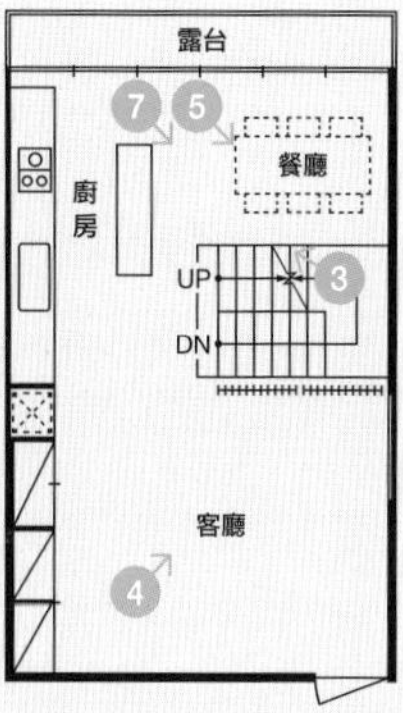


2F

## 2・3樓空間配置的重點

### 密閉式的1樓作為生活的後台空間

由於建地位於河川面的道路側，地基向下的因素，擋住視線的1樓顯得封閉。因此，將洗手間與衣櫥等生活後台空間配置在這裡。如此一來2、3樓才不用配置多餘的設備。

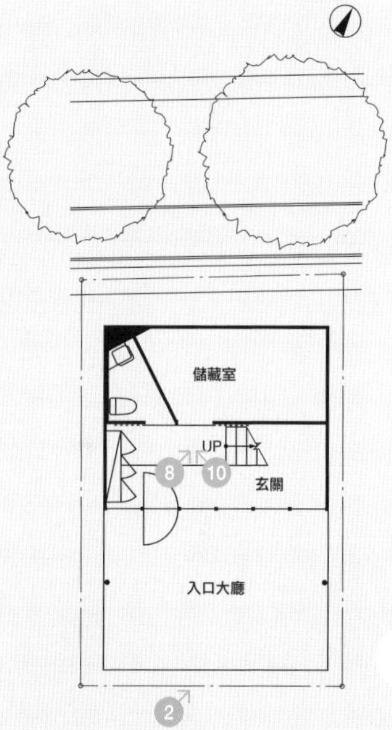


1F

## 1樓 空間配置的重點

### 削薄牆壁、省去隔間實現大空間設計

為了在有限的建地裡保留空間的容量，牆壁盡量地選擇了薄層的素材。外牆的壁面直接採用室內的修飾法，浴室則採用玻璃牆壁。家具也盡量選擇最低限度的尺寸。

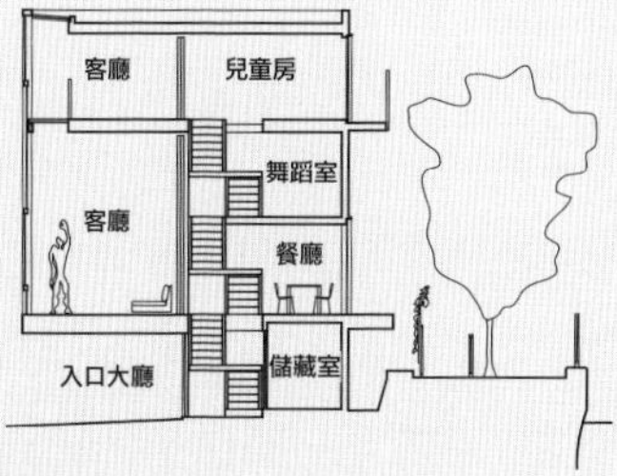


## 斷面的重點

### 以樓梯間與通風天井連結3個樓層

3層樓的建築，藉由樓梯間相互連結，化身為套房式。為了讓主要生活空間的2、3樓關係更為緊密，設置了通風天井，成為擁有光線與通風的天然恩賜，及互相傳遞聲音與動向的構成。

＊譯註：由日本南部地區，盛產的鐵礦石所鑄造的茶壺。

廚房採用2口的可電子、可點火式的大火力瓦斯爐。「因為加熱效率高」所以用南方鐵壺*取代了電子熱水壺。

開放式的廚房以I字型沿著牆壁設置，為了提高作業效率，在對面設置了流理台。不論工作台還是流理台的高度皆為900㎜，比起一般的尺寸要高。

由客廳到廚房與餐廳，前方都有櫻花樹的翠綠映入眼簾。擁有通風天井的客廳，與樓梯之間設置了包含冷暖房設備的屏風連接上下樓層，以舞蹈室作為緩衝的空間。

在白色中加入鋸齒型黑色扶手，強調上下樓層的連結感。紅色懸掛燈具在這裡發揮驚人的機能效果。若有親朋好友在此聚集時，階梯也可以做為椅子。

07
開放式空間配置

# 樓梯在空間裡 不論是垂直還是橫向連結 都是優秀的裝置

由留心「場所的能量與建物主的全體象徵所導向的設計」的建築師・今野政彥先生自行設計、親手打造的住宅，位在河川旁的標的。1樓為玄關、洗手間與儲藏室，一上樓梯、2樓為有通風天井的客廳與餐廳、廚房，接著經過大型的舞蹈室，3樓為私人的空間，設計成主臥室與兒童房及浴室。「不想打造成建築上的空間層級（hierarchy），所以設計成套房式建築」今野先生說。任何一個房間都採用相同的水準，盡力地節省區分空間的牆壁。

因為如此，最重要的要素就是樓梯。不用1片薄薄的牆壁，改採用擁有立體容積的樓梯空間，將整個空間區隔開的方法。檢討這樣樓梯的位置，似乎花了許多時間。究竟是靠牆壁、或是配置在中央，這樣情況下房間如何配置？同時在腦海裡描繪水平面的空間配置與垂直面的斷面後，最終決定了現在的狀態。

另外，通風天井緊密地連結了垂直面、起了很大的作用。由3樓的天窗引入自然光線，也可以傳遞2、3樓雙方人們的動態與聲響。除此之外，設置在樓梯中段的大型舞蹈室也不能忘記它。不論是在移動中或是視線的流動，都會在這裡短暫地停留。

由地利之便所產生的條件，托了面向河川、在北側完全呈開口的福氣，映入眼簾的綠意與河面的水流讓心情舒暢，工作的空檔心情似乎也能暫時地轉換。此外，因為風經常地在大型的套房式空間裡流動，形成了充滿新鮮空氣、心情舒暢地居所。

「家中經常有友人來聚會，一坐下就捨不得離開……」坐在面向河川、2樓的邊緣，一面帶著苦笑、一面開心地對我說。

藉由樓梯間與通風連接上下樓層，形成一套房式建築。樓梯側邊設置了包含冷暖房設備的格柵狀屏風。遮斷了視線，產生房子的深度。

Void 7

6 Void

因為3樓的一部分設置了天窗，光線可以十分充足地到達2樓。若使用對流式的煤氣爐時、空氣也會流通循環，當然也會傳遞聲響。即使在3樓晾曬衣物的時候，也能聽到樓下孩子們嬉戲的聲音而感到心安。

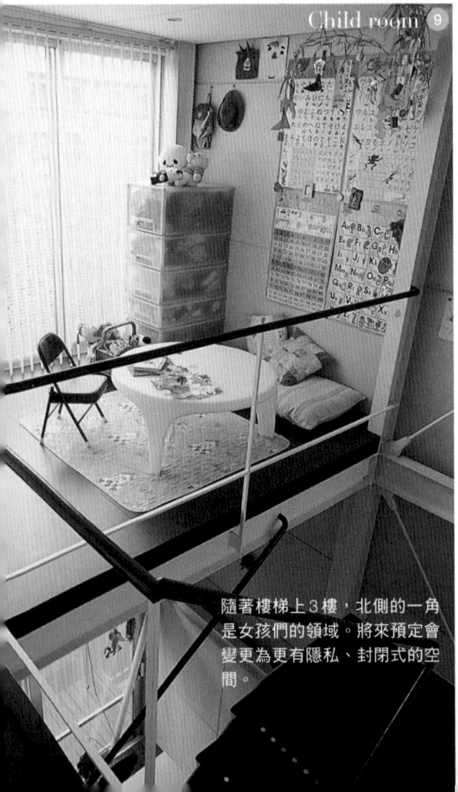

Child room 9

隨著樓梯上3樓，北側的一角是女孩們的領域。將來預定會變更為更有隱私、封閉式的空間。

8 Entarnce

1樓的玄關。樓梯的踏面為黑色、內面為白色。雖然是明顯的對比，但各個樓梯踏面藉由一排圓點開孔，形成緩和的設計。

上圖／1樓的洗手間。能夠將門打開的圓形開孔，既是把手也能有效地通風。左圖／3樓的浴室。鋪上馬賽克磚的地板，腳底的觸感很舒服又帶有止滑的效果。眺望窗外的視野也無可挑剔。

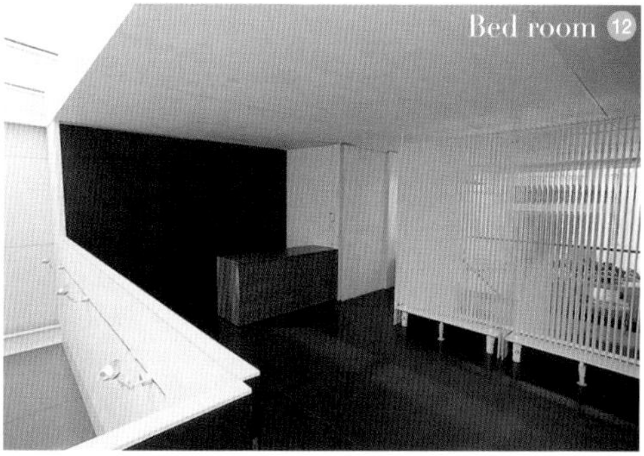


夫婦倆的臥室隔間並沒有門，而是僅由冷暖房設備的格柵來隔間。左手邊是連接2樓的客廳，由天窗射入自然光的通道。當然3樓也遍佈了光線。

攝影／石井雅義

DATA

設計＝今野政彥／今野政彥建築設計事務所
家庭成員：夫婦＋小孩1人　構造・規模：鋼骨構造、地上3層樓
建地面積：64.07m²（約19坪）樓板面積：129.86m²（約39坪）

一進入口立刻又通往室外。在邀請進入室內後又出乎意料地出現開放空間，讓來訪的人感到驚訝。

08
開放式
空間配置

# 室外空間融入室內，開放式的坪庭建築

## 神奈川縣 ・ 小林公館

在客廳休憩的小林先生一家人。將拉門打開的話，客廳・餐廳與木棧平台成為一體。變成一個通風、心情舒暢的場所。

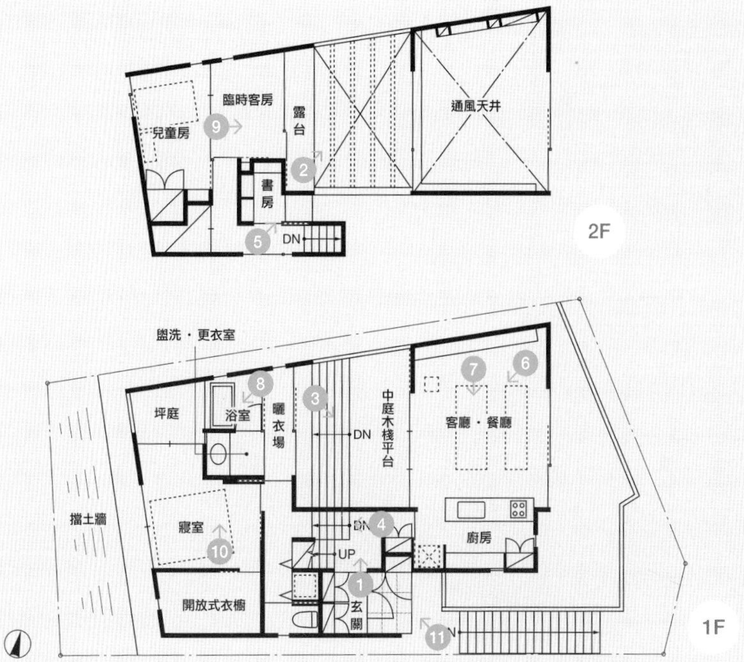


## 2樓 空間配置的重點

### 即使在個室裡也能看得見身影的適當距離感

在任何地方都能感覺得到家人動態的小林先生宅邸，也好好地考慮到場所裡擁有的個人時間。雖然客廳與兒童房位在相互看得見的位置，但藉由半樓的差距切斷彼此的視線。

## 1樓 空間配置的重點

### 省略無用的設計<br>得到最大限度的空間

將室內面積優先劃分給家人聚集的客廳與中庭。寢室、浴室等個別空間縮小到最低限度，無用的走廊也盡力節省。個室利用天井高度的變化等，讓人感覺不到狹隘。

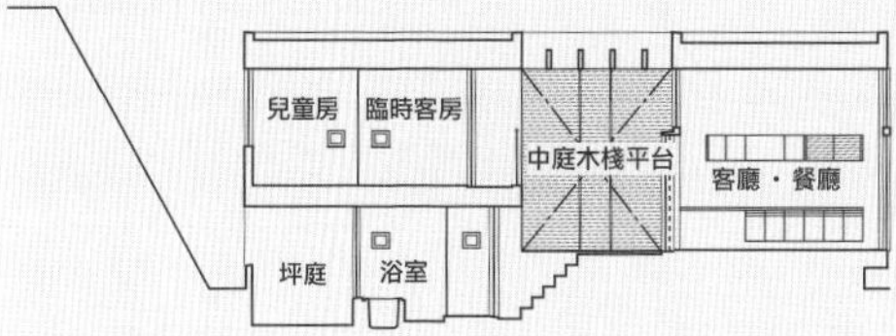


## 斷面的重點

### 考慮到傾斜的道路與光線<br>打造成立體的結構

由前方道路斜線規制的到來並排而建的住宅，將居所的部份倚著建物的西側建造。這時將客廳這一側設為低樓層，而以向下挖掘取代往上建築2樓的方式製造樓層別，形成樓層差的設計。

小林先生如願地搭建自有住宅，希望能打造一個在室內空間擁有開放感的中庭。連在建地的挑選上，也是以能打造中庭為首要條件。在位於當時居住的大樓附近場所覓得這塊土地，委託建築師柏木學先生與穗波先生設計。

「我打算打造一個內外區分模糊的空間」柏木先生說。打開小林宅邸的玄關，進入後立刻映入眼簾的是中庭。才想說進入了家中卻又走出室外，令人感覺到不可思議。

雖然是2樓建築，卻並非單純的2層樓構造，而是相互交錯的樓層。「若是建造2層樓，光線不容易射入中庭；相反地，向下挖掘還可以降低整體建築物的高度。」

客廳挾著中庭，緩緩地與所有的房間相連接。房間與房間之間由於有中庭，視覺上變得更寬廣。

接著客廳有著大大的開口，從

相反側的兒童房眺望過來，就像遙望遠方的山丘一般視線得以延伸。

對於小林先生的家人來說，中庭並非特別的場所，完完全全是個日常的生活空間。平常面向中庭的客廳，門戶呈現開放的狀態。唯一的問題，是由擋土牆上方建築的大廈看過來的視線。藉由天窗的設置，調整開口的幅度而順利解決。「舒爽的涼風吹拂，每天都保持著好心情呢。」女主人笑著說。

聽說男主人回家時間也比以前還要來得早。「洗完澡後，坐在中庭喝著啤酒，最棒的享受啊！」一面帶微笑著說。

4 Stair

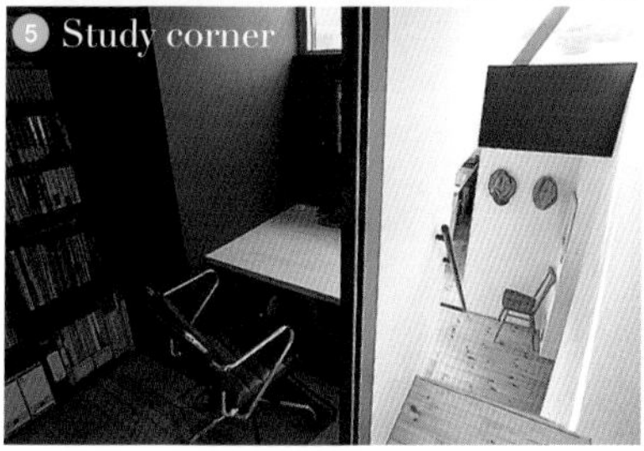

5 Study corner

上圖／往上半樓層為兒童室，往下半樓層為浴室及主臥室。為上下交錯的樓層。下圖／通往2樓樓梯間的側邊有男主人的書房。雖然只是約1坪大的小空間，但是藉由交錯運用的黑色產生深度、書桌上方設置一個開口，不會產生壓迫感。雖然幽靜卻是最適合的空間。

3 Court

從外面無法看得見，只屬於自己的中庭。那就是小林宅邸的中庭。採用隨著時間經過更能增添風味的純木材作為客廳、露台的地板材，還可以感受到原木散發的溫暖。

6 Living

為了意識到中庭與客廳的連續性，客廳也採用坐臥式的木地板。矮桌則是由小林先生與柏木先生一同去尋找購入。其他大多數的家具，都是由身為家具達人的女主人父親親手為他們打造的。

8 Bath room

建地的西邊還有一「坪庭」。以透明的玻璃窗來隔開。藉由視線的延伸，感受到比實際的面積還要寬廣。

由柏木先生提案的黑色牆壁廚房，女主人直到最後都有些苦惱。「實際上使用後，卻感覺不到不協調而喜歡上它。」

7 Kitchen

## 心情舒暢的涼風吹過
## 每天的生活都非常的舒服

由二樓的臨時客房，可以看得見遠處並排的山峰。平常會將前方的兒童房拉門打開，當做一間房間使用。

乍看之下是平房的建築，無法想像其中是呈開放式，展開成為一個立體的空間。

主臥室位於低於客廳半層樓的場所。裡面有第二個庭院—「坪庭」。是個迷你的中庭。

攝影／石井雅義

DATA

設計＝柏木學＋柏木穗波／Kashiwagi・Sui・Associates
家庭成員：夫婦＋小孩1人　構造・規模：木造、地上2層樓
建地面積：175.29m²（約53坪）樓板面積：119.03m²（約36坪）

書房位在樓梯入口的側邊。天井高1.6m是連一坪也不到的狹小空間。「考慮置身在普通的住家裡，所無法體驗的規模或高度的樂趣」布施先生說。

09
開放式
空間配置

# 在充分保留隱私的情況下，引入光線與通風的居家

## 東京都・坂森公館

這次要打造新居的是，繼承目前為止做為停車場的老家土地的坂森先生。設計方面，委託建築師布施茂先生。是個四方都有鄰居包圍的土地，為密集的住宅區。

「以不用在意周遭環境、能夠舒服地過著日常生活為目的，注重採光與通風」布施先生說。

建築物的外觀為黑色的四方箱型。但是，一進入室內後氣氛就為之一變。1樓考量到安全性因此沒有設計太多出入口，隨著螺旋狀的階梯而上，出現的是全白設計光線明亮的客廳・餐廳。出入口的部份，第一個是面向老家的北側。屋外設置了露台，為一大開口處。另一個則是位於東南邊的角落。夾著道路位於對向側的是，照顧主人親子兩代的幼稚園及其院長的住宅。自古以來就經常聯繫，加上園長先生的住宅北側並沒有大型的窗戶，因此判斷在這裡設置出入並沒有問題。

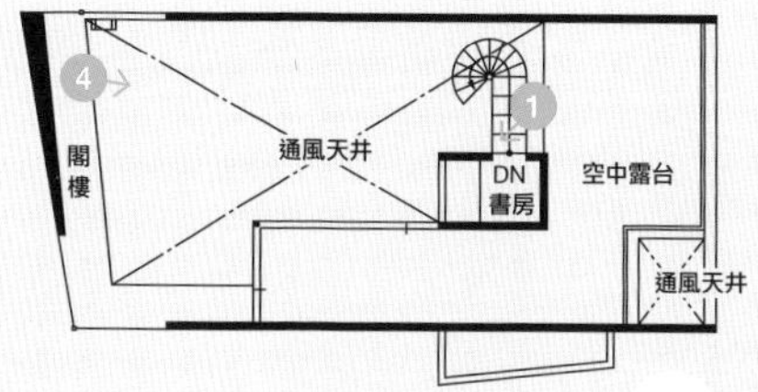


3F

## 2・3.樓 空間配置的重點

### 遍佈光線與通風明亮的客廳

開口處為土地位置的北側，以及面向自古以來經常交往的世家的東南邊角落。北側也有斜線限制*的規範，因此決定由客廳這一側劃分成為一個四邊形。光線與通風從屋外的露台進入客廳裡。

＊譯註：斜線限制是有關建築物部分高度的其中一項限制。建築物由側面觀看時，限制空間呈斜線劃分的型態。目的是為了確保通風與採光，保持良好的環境。

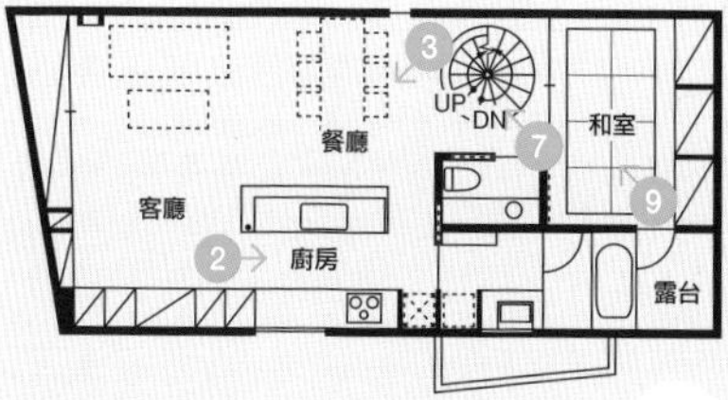


2F

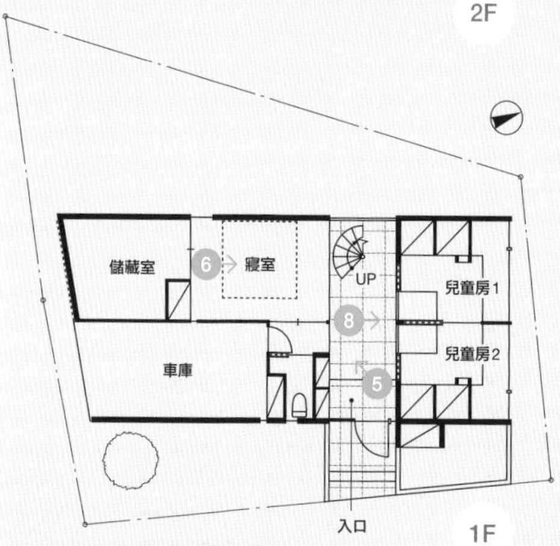


1F

## 1樓 空間配置的重點

### 房間以堅固的水泥構造來保護

1樓的構造為RC鋼筋打造。考慮到安全性，在土地位置的北側以及位於雙親經營的公寓西側設置開口處。兒童房設在可以確保安全性的北側，由西側開口處射入的光線，通過半透明的玻璃窗可以進入到寢室內。

## 斷面的重點

### 對應房間的機能區分天花板的高度

2樓的LD天花板高為3.85m約1.5層樓高。藉由抑制1樓天花板的高度可以實現其高度。寢室方面由於本身的機能即使天花板高度下降也不會有障礙，但兒童房有向地面下挖掘50㎝確保它的高度。

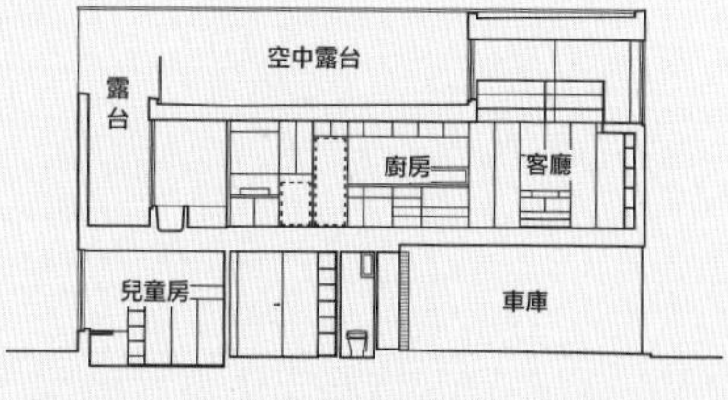

2樓除了有客廳・餐廳外，還有廚房及作為預備用的和室、浴室・雜物間。各自房間彼此都有些微相連接。視覺上的相連除了產生寬闊度，房間各自的機能也能確實地保有。特別是雖然抑制了廚房天花板的高度呈半封閉式，但因為從廚房兩側打開了視線，完全感覺不到封閉感。「這個家因為樓層的面積是比較大的，因此樓層內的橫向聯繫非常的重要。捨棄牆壁，以天花板高度與樑柱等建築的要素來做空間上的分隔。」

螺旋狀的樓梯雖然是採納主人的期望而設置，但不僅僅只有設計上的用途，還有其他各式的功用。2樓的明亮光線，穿過半透明的階梯直達1樓。「將含糊的想法替我實現成絕妙的造型」主人如此說。

廚房藉由天花板高度低於側邊的客廳・餐廳，劃分出區域。深處接著是浴室・雜物間，家事動線也非常流暢。

壁面的展示窗放入了TOMICA小汽車，是主人收集的一部分。白色的空間生動地映照出黃與紅。偶而也會交換著把玩。

3 LDK

2樓為客廳・餐廳、廚房、和室等所有的房間和緩地連結在一起。藉由意識到橫向的連結，將樓板面積發揮出最大的限度。

有1.5層樓天花板高度的客廳，空間既明亮又開放。由設置在高處的開口部，將大量的光線與微風引入2樓整體空間。

寢室由於場所的特性，並不需要太強的光線。由樓梯間側邊的開口處納入適當的光線。玻璃的透明感緩和了1樓RC鋼筋造的印象。

5 Entrance

7 Stair

Bed room 6

左圖／夢想有螺旋階梯的坂森先生，喜歡在布施先生自宅裡見到的玻璃踏面階梯，要求以相同的風格做成螺旋階梯。玻璃採用厚度8mm的半透明毛玻璃（雪花紋）2片重疊增加強度。上圖／1樓寢室與大廳的隔間，也採用與樓梯相同的毛玻璃。由大廳側邊開口處射入的光線，透過玻璃照入寢室，室內得到適當的明亮度。

位於1樓北側相互對稱的兒童房。兼具收納功能的床鋪、附有書桌。由於向下挖掘地面約50cm，將視線往下延伸。透過老家的庭院，與對面的雙親們有所連結。

和室雖然有設置拉門，但平常不用來作隔間使用。連成一室的和室與餐廳，運用螺旋狀的階梯作為視覺上的切割。

# 打造出明亮與柔和的光線讓心情舒暢的居家

攝影／石井雅義

09
開放式
空間配置

DATA

設計＝布施茂／fuse-atelier
家庭成員：夫婦＋小孩2人　構造・規模：RC鋼骨構造＋木造、地上3層樓
建地面積：129.09m²（約39坪）樓板面積：126.10m²（約38坪）

右圖／H宅邸設置有2個出入口。這邊是面向野生動物出沒的南側通道。細長的通道，靜靜地招呼著來訪的客人進入建築物內。左圖／右側看得見的楓葉樹是土地標的選擇時的決定因素。由秋天入冬，可以享受到豔紅似火像在燃燒般的楓葉。

10
開放式
空間配置

# 凝聚設計的意向由入口處享受季節變化樂趣的住宅

神奈川縣・H公館

1樓兒童房的開口處，是為了賞玩楓葉而設置的。寬廣的木棧平台也可以在上面舉行烤肉活動。

PLAN

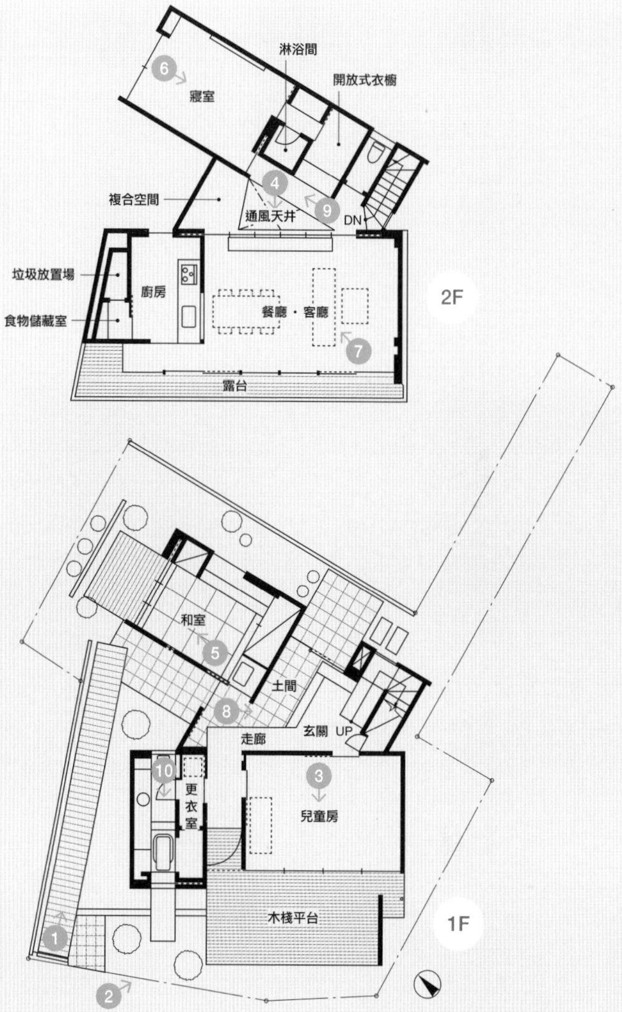


## 2樓 空間配置的重點

### 藉由房間的「連結」強調出寬廣度

在1樓分開的2個區域，一上2樓便由中央的通風天井連結在一起。採用拉門作為隔間使用，在平常各個起居室鬆散地相互連結。因為如此，才能更加顯出擁有大落地窗的客廳寬廣度。

## 1樓 空間配置的重點

### 藉由「區分」顯出各個房間的魅力

藉由1樓中央的土間空間，區分成2塊區域。一邊為借景生出開放區域、延續寬大木棧平台的兒童房。另一邊的和室四周以牆壁圍繞與鄰居一一隔絕，卻巧妙地運用開口的配置納入風景。

2樓的客廳・餐廳設置了大
片落地窗，一整個畫面景色
寬廣。由夏天樹葉茂密的近

由各個落地窗格
玩味竹林、山峰與楓葉的景色

有如獨棟房子般建造完成的和室。四邊的開口處以感覺不到周圍鄰家的壓迫方式而設置。

※

由3月開始跨越到4月的新綠時期，2樓客廳外看得見的樹木一同發新芽、長新枝。「對於這幅景象相當感動」女主人說。「從1樓兒童房看得見的楓葉樹，由秋天到冬天樹葉會染成紅色。從客廳來看享受這夏天的近景、以及冬天的遠景」男主人補充著說。

雖然有著令人稱羨的四季景色的H宅邸，實際上卻是長時間無法售出的土地，因此令人感到訝異。建地是由典型的旗杆地變形而來。除此之外有著3方靠近鄰家的條件。

另一方面，位於南側有著一片廣大的傾斜綠地。發現這塊土地的建築師甲村健一先生，初次到訪的時候楓樹正轉成紅葉，因此感到這個景色的高可塑性。

「營造最高的寬廣度與開放感是H先生的條件。特別是想擴大寬廣度的時候，我認為因為將外部結構與外部空間當成內部演出的一個要素，而產生了建築上的效果」

如同甲村先生設想，由開放景觀產生的開放區域、以及對外封閉的內涵區域2棟建築構成。開放區域裡2樓設置客廳、1樓設置兒童房。客廳裡天花板的高度有傾斜變化，越靠近窗戶高度越高。將室內與外面的景色融為一體。從寬度7公尺的落地玻璃可以遠眺山峰。

內涵區域裡不求建築物之外的變化，藉由素材的質地與用色來表現建築手法。1樓的和室鋪有琉球塌塌米及竹編天花板，黑色的牆壁用紅色的櫥櫃襯托。從視線較低的矮處及條狀縫隙的開口看不見周遭建築物，可以玩味「離群索居」的氣氛。

「不論是1棟還是2棟，這美麗的景色令人喜愛。雖然通勤上多少有些不便，但這不是問題」男主人說。夫婦倆終於找到無可取代、舒適的場所了。

Bed room 6

左圖／H宅的各個房間，面積並沒有特別寬敞。寢室的天花板裝飾部分與走廊一致，收納的部份也完全設置在走廊。模糊了房間與走廊的界線。接著若是打開區隔寢室與走廊的拉門，視線得以穿透到客廳這一側，產生視覺上的寬廣度。下圖／位在1樓、身負區分2大區域責任的建築中央部分。2樓以通風天井為媒介，揉合各區域設計上的統一感，將2者結合。

7 Void

## 10 開放式空間配置

8 Entrance

利用旗杆地的特性設置了2個出口。一方面讓土間及玄關的通道相通，將和室從重視景觀的客廳和兒童房的區域劃分出來，一方面強調偏房的感覺。

藉著筒狀空間產生的望遠鏡效果，將視線集中在遠方的竹林。將洗衣場所與換氣扇等設備移到視線以外的地方，藉由「浴室空間起居室化」提昇放鬆心情的效果。

10 Bath room

9 Void

貫穿住宅中央的通風天井空間。由天窗向室內注入明亮的光線，製作出豐富的光與影。是區分2個區域、連結建物之間的重要部分。

攝影／松崗滿男、田邊楊一

DATA

設計＝甲村健一／KEN一級建築師事務所
家庭成員：夫婦＋小孩1人　構造・規模：鋼骨構造部分木造、地上2層樓
建地面積：202.34m²（約61坪）樓板面積：144.73m²（約44坪）

PART 2

## 關鍵在於配合生活的收納計畫

# 利用收納展現的開放式空間配置

為了實現自己心目中理想的房子，
重點在於想像在新家開始過生活的情景。
其中收納問題，是與日常生活密不可分的要素。
所以，在考量空間配置時，也須一併思考收納的問題。
因此，近來頗受歡迎的開放式空間配置，也將成為更添魅力的美麗空間。

01 有韻律地排列的擺飾架
帶來歡樂的開放式住宅

K公館　設計＝早草睦惠／cellspace

02 **容量充足。如同飄在空中的牆面收納的房子**

石川公館　設計＝駒田剛司＋駒田由香／駒田建築設計事務所

03 **附百葉窗的收納處展現出簡樸白色的室內設計**

T公館　設計＝內海智行／milligram architectural s

04 **大小收納櫃表情豐富地配置的套房空間**

H公館　設計＝安立悅子／建築設計事務所　atelier BLANC

05 **生活小物全放到收納櫃裡。整齊的牆面收納的房子**

伊藤公館　設計＝布施茂／fuse-atelier

客廳與陽台的界線，相對於建築用地的形狀取在對角線上。藉由打開拉門，客廳與陽台便直接相連，使空間的寬闊感倍增。西南面以小間隔附加的屋簷，可遮擋夏日的強烈日照。

在連接1樓與2樓的通風天井設有擺飾架。部分牆壁是毛玻璃，可吸收來自東側的柔和日光。

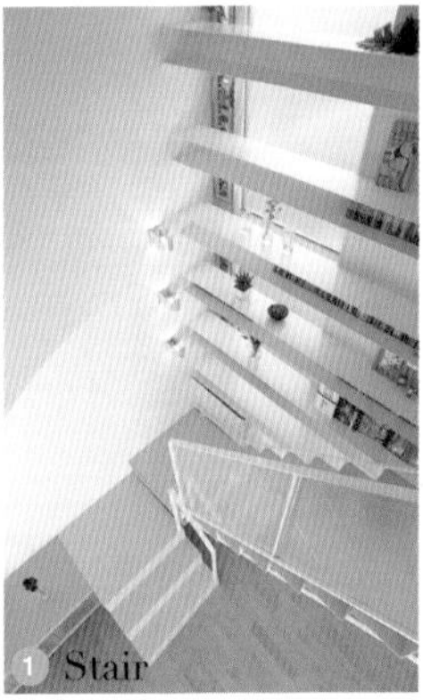


01
利用收納展現的開放式空間配置

# 有韻律地排列的擺飾架帶來歡樂的開放式住宅

**東京都・H公館**

2F

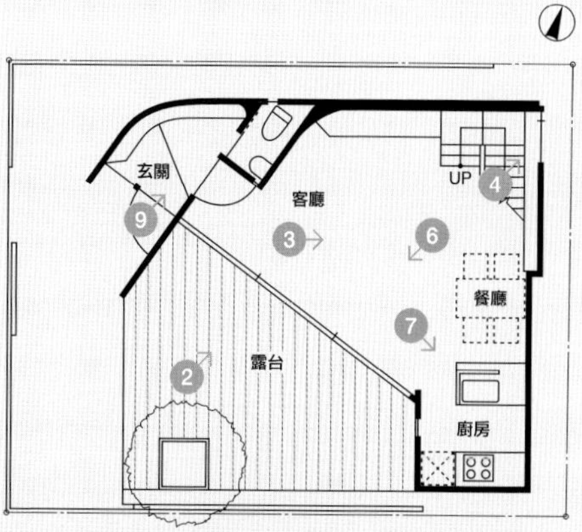


1F

## 2樓 空間配置的重點

### 以個別房間為中心
### 維持整體的銜接

2樓以個別房間及收納為主。通風天井部分的收納從1樓連接到2樓，建築物整體緩和地連接。另外，主臥室的擺飾架不附牆壁，可以看到內側儲藏室的裡面。

## 1樓 空間配置的重點

### 依對角線分割用地
### 形成寬闊的空間

四角形的用地以對角線分割，一半為建築物，另一半作為庭院。如此可以使客廳的觀景窗寬度達到極限，並加強與陽台的連結。為了遮蔽來自道路的視線，在西邊與南邊的界線以圍牆圍起。

## 收納的重點

### 展示的開放式架子
### 是空間的重點

「希望在整體的平衡中思考收納問題」早草小姐說。儲藏室與倉庫很容易變成不太存取的空間。在K公館，不同高度的架子從一開始就擺到建築物裡作為擺飾架。

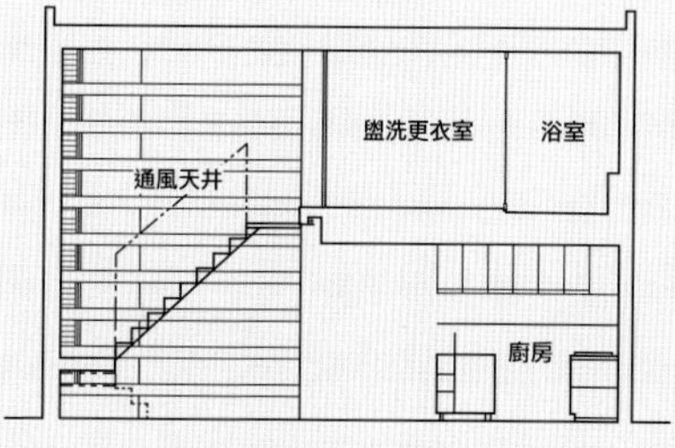

站在廚房裡可以環視房間整體，能與待在飯廳和客廳裡的人自然地對話。客廳當成床座，可作為寬敞的使用空間。

距離都心有些遠的住宅地。在通訊業工作的K氏夫婦的住居，就在這個寧靜的環境中。鍍鋁鋅鋼板包覆圍牆與外壁。隔著圍牆，可看見百葉窗狀的屋簷。

從玄關走進客廳，是一片大型的白色空間。內側看起來如此寬闊，是因為這房間的設計呈現三角形。除此之外，地板與露台的木棧平台相連接，因此陽台等於是客廳的延伸。陽光燦爛地傾瀉入客廳。擺在客廳裡的是低矮的家具，因此目光會自然地朝向正面的擺飾架。看著排在架上，夫妻倆收集的色彩繽紛又可愛的小東西，便有聊不盡的話題。

擺飾架朝著通風天井向上連接。邊看著架子邊從樓梯走上2樓。收藏室與主臥室、盥洗室・浴室集中在此處。並且，大小2種高度的擺飾架，主臥室裡面也有。同時當成與儲藏

上圖／擺飾架以不同高度的架子交互排列構成。牆邊設有百葉窗，通風・換氣效果絕佳。右圖／收藏室裡，擺放了電腦、喜愛的吉他與相機等物品。外側的牆面是整片毛玻璃，使房間充滿均勻的日光。左邊內側的牆面玻璃是盥洗室・廁所的區隔。可使外頭的光線進入更裏側。

室的隔間使用。因為不是用牆壁區隔，所以沒有壓迫感。並且意圖邊適度地整理邊使用。

興趣廣泛的夫妻倆有很多收藏品，他們希望能在生活中玩賞這些東西。他們從雜誌上看到建築師早草睦惠小姐的作品而非常中意，因此委託她設計。

「我思考收納與空間的平衡。在用地有限的情況下，如果重心過於偏向收納，便會犧牲平常的生活空間。不過，在K先生家，不但確保了收納量，也可以知道什麼東西放在哪邊，為了不用牆壁圍起來，而設置擺飾架」(早草小姐)。

夫妻倆喜愛的各種物品，表現出他們的人品與嗜好。集中展示的收納，巧妙地融入空間，對K氏夫婦與來訪的客人來說，完成了一個舒適快樂的家。

與陽台連成一體的客廳。木質地板與露天平臺木材的寬度及方向一致。K氏夫婦對於要求中的寬廣明亮的客廳空間，滿意地說：「甚至覺得太亮了」。

## 01 利用收納展現的開放式空間配置

小巧地集中在U字形櫃台的廚房，全是按照要求打造的。爐子與電冰箱巧妙地收在內側，在飯廳那一邊，準備了較深與較淺的收納架。上圖的開放式架子也可作為擺放調味料之用。

Bed room 8

寢室裡也設置了格子狀的鏤空架子。「做成具有設計感的架子，可享受裝飾物品的樂趣」早草小姐說。寢室與儲藏室之間用這個架子隔開，因此沒有壓迫感。

## 有效地利用展示的收納架 令空間產生廣度

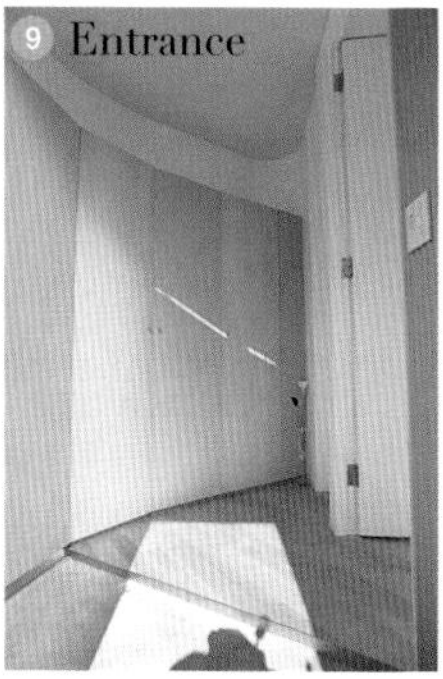

9 Entrance

在玄關，沿著轉彎的牆壁設有鞋櫃。櫃子頗高，收納力十足。與客廳的收納架施以相同的塗裝，營造出建築物整體的統一感。

10 Sanitary

洗臉台與廁所之間沒有區隔，與浴室之間是以毛玻璃為主的隔間。櫃台下擺放洗烘衣機等，不但整齊，也非常實用。

攝影／桑田瑞穗

DATA

設計＝早草睦惠／cellspace
家庭成員：夫妻　構造・工法：鋼骨造，地上2樓
建地面積：107.30 m²（約33坪）　樓板面積：83.63 m²（約25坪）

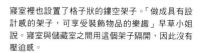

包圍室內的白色牆壁，只有南側那一面做成收納處。櫥櫃門有各種尺寸，採隨機配置。替簡單＆樸素風格的室內添加豐富的表情。



02

利用收納展現的開放式空間配置

# 容量充足。如同飄在空中的牆面收納的房子

## 千葉縣・石川公館

右圖／只不過是門的尺寸不同，也沒有做任何記號，不過女主人說，很奇妙的，就是知道什麼東西放在哪裡。左圖／收納電視機、音響與雜誌等物品的開放式架子做成合適的尺寸，開口部也留下一個孔洞。

# PLAN

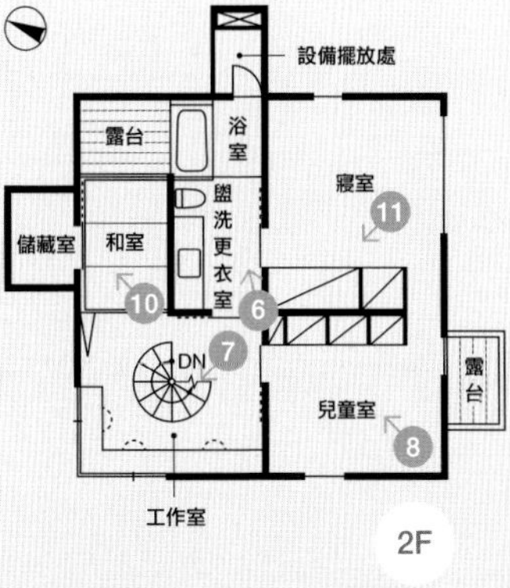


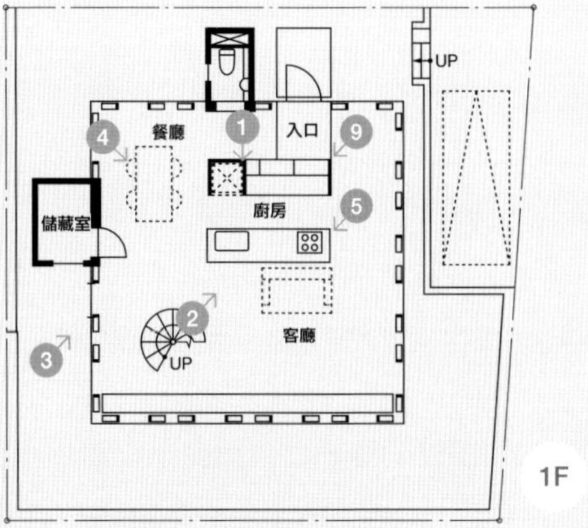


## 2樓 空間配置的重點

### 藉著不需走廊的迴遊式設計<br>將空間活用到極限

2樓是隱私程度較高的居室，所以落地玻璃減至最小。各個房間是以拉門或摺疊門相連，可來去自如的設計，節省了不必要的走廊空間。樓梯間同時也是家人共用的工作空間。

## 1樓 空間配置的重點

### 將室外納入內部<br>產生超過面積的寬廣度

為使1樓的LDK容量加大，天花板高度採3.3m，中央配置中島式廚房。為了欣賞外頭的景色，在建築物四邊都有落地玻璃，做菜時的視野開闊，開放感非常出色。

## 收納的重點

### 以集中／分散收納<br>實現大容量收納

在廚房、玄關、2樓各處分散收納。飯廳旁設置了快要凸出外面的2層樓高的儲藏室。在各樓層可存取集中收納。適才適所的收納實現了與舒適生活空間的並存。

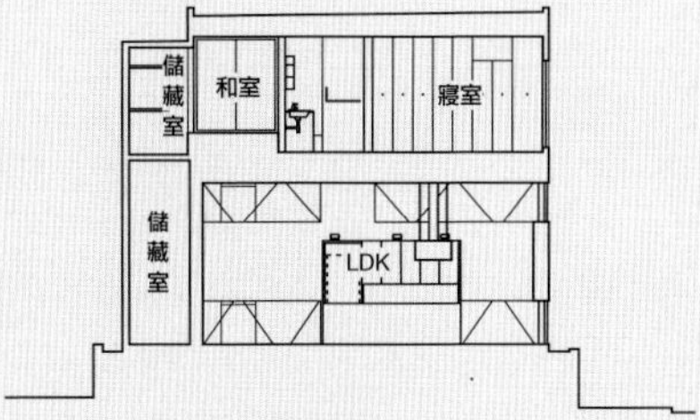

因為喜愛高度超過15公尺的松樹景色，促使石川先生決定買下這塊地。以前，大海就在附近，建地的東側作為防風林的松樹原封不動地留下。當然，夫妻倆希望一棟生活中能欣賞松樹的住居。翻閱雜誌，納入周圍景色打造開放式住宅的建築師駒田剛司先生、由香小姐的作品吸引了夫妻倆的目光。

「起初是想把客廳設在景色不錯的2樓，但最後還是決定在1樓」駒田剛司先生說。天花板高3．3公尺。中央是設置中島式廚房的個別房間。包圍室內的白色牆壁上下都裝設玻璃。上方的縫隙是用來欣賞松樹。下邊的透視感，令人感覺地板一直延伸到外面。「建蔽率為40％，剩下6成是空地。因此想將它拉進內部」駒田先生說。

LDK 4

光線從四邊照入的明亮室內。下方開口使用了防盜用的雙層玻璃。

2 Living-Kitchen

客廳之所以決定在1樓，是希望回到家的孩子必定會經過太太所在的地方，再進去自己房間。

3 Exterior

像機器人一樣的幽默外觀。外牆的鍍鋁鋅鋼板的紅磚色是配合前面道路的顏色所決定的。V字板是支撐建築物的構造。

如此，室內產生了超過實際面積的空間。為了不減損內部空間的廣度，而對收納作了一番計畫。充實的收納也是石川先生的要求之一。在牆壁上下方裝設玻璃，使牆壁面積比一般住宅還要少，收納的配置是傷腦筋的地方。

「因此為了避免收納區太顯眼，只用南側這一邊收納。櫥櫃門的大小隨機配置，在簡樸風格的室內添加表情」（駒田先生）。

此外，駒田先生決心設計儲藏室突出外面的平面圖。在建築物的大型四角方體中添加2個小方型體。第一個在1樓是廁所、2樓為設備擺放處；另一個則是上下皆為收納區的「儲藏塔」。形成了確保內部最大的活動空間，與充實的收納並存的住居。

# 從玻璃的隙縫<br>欣賞松樹與雲彩

5 Kitchen

上・左圖／廚房的收納處在中島式流理台下方與背面。中島式流理台內建電子爐、洗碗機。抽屜式收納區裡擺放食器類。「可以放很多東西，擺放取出都很方便」女主人說。

Bath room 6

左・上圖／橘色瓷磚的可愛浴室面向圍牆圍起的陽台，可以不用在意外頭的視線享受露天澡堂的感受。容易煩惱擺放位置的洗髮精等收在牆面，非常整齊俐落。

02
利用收納展現的開放式空間配置

2樓的主題顏色是橘色。牆壁是噴漆塗裝。各個房間都有充足的收納空間。孩子房間與主臥室相連，可在其間來回走動。

走上螺旋階梯就是工作室。桌子與架子配置成L字形。在天氣好的時候從角落的玻璃窗也可以看見富士山。

個別房間收納處。門的把手刨空。這裡與駒田先生的自宅風格相同。女主人很中意這款設計，因此委託製作成一模一樣。

玄關裡的大型四角方型體是鞋櫃。同時具有收納與隔間的作用，站在玄關的客人視線不會直接看穿室內。

安裝在建築物外側的「儲藏塔」的另一扇門在2樓的和室。僅僅1.5坪的有限空間內沒有擺放多餘的物品。

攝影／石井雅義

DATA

設計＝駒田剛司＋駒田由香／駒田建築設計事務所
家庭成員：夫妻＋小孩1人　構造．工法：鋼筋造＋木造，地上2樓
建地面積：154.71 $m^2$（約50坪）　樓板面積：118.93 $m^2$（約36坪）

右圖／走進玄關，可看到正面內側有半層往上的階梯。配合建地的形狀，內側為半地下式，盡頭是可看見屋外的玻璃窗，因此沒有閉塞感。左圖／從書房所見的通往上下樓層的階梯。左手邊往上層的階梯，為使南邊的光線到達廚房，而採用只有踏板的階梯。走到階梯最上方，是可到達屋頂的一扇門。

03
利用收納展現的開放式空間配置

# 附百葉窗的收納處展現出簡樸白色的室內設計

東京都・T公館

客廳與陽台以大型落地玻璃門相連，地板也連接在一起。此外，沙發與桌子等家具刻意選較矮的，因此樓層感覺更寬廣。

## 2樓 空間配置的重點

### 彼此和緩地相連 以個別房間為主的空間配置

以家人的個別房間為主的空間配置。彼此的房間相連配置。在樓梯間，有通往屋頂的外階梯的出入口。可以環顧四周，與陽台在視覺上也連在一起，是一塊歡樂的區域。

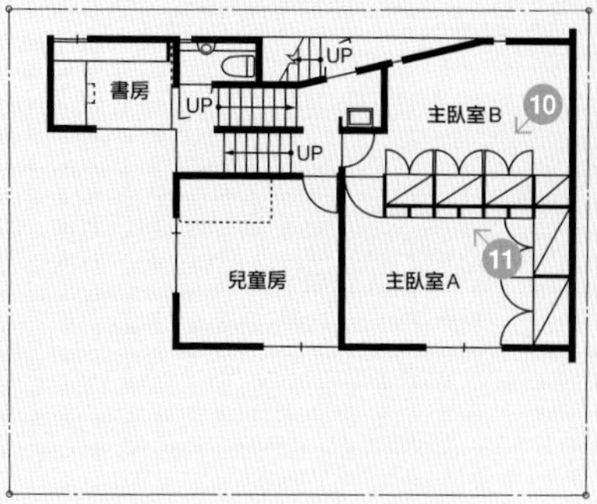


2F

## B1・1樓 空間配置的重點

### 為確保LDK的開放式大空間 而在構造上下工夫

建築物整體是，利用建地高低差的交錯樓層。從地下1樓的玄關往上半個樓層便通往客廳。客廳與外部的露台相連。為確保LDK的大空間，有一半是以鋼筋打造。

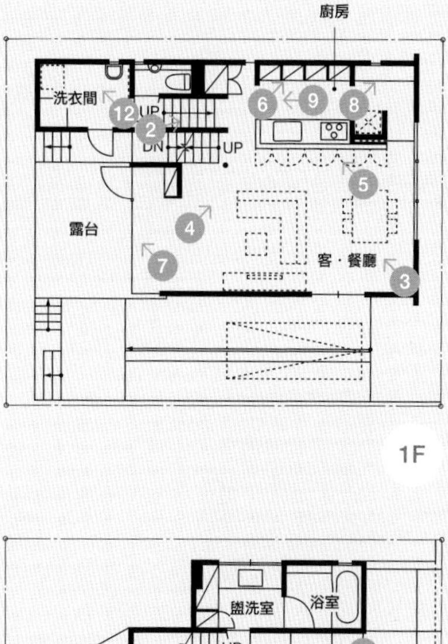


1F

## 收納的重點

### 想藏的東西徹底收納。 考量家事動線的收納計畫

這項計畫統一了家事動線，有效率地配置各別相關的收納區。廚房裡採用了看不見內部的百葉窗式收納架。此外客廳與飯廳裡各式的物品也配置成隱藏式。

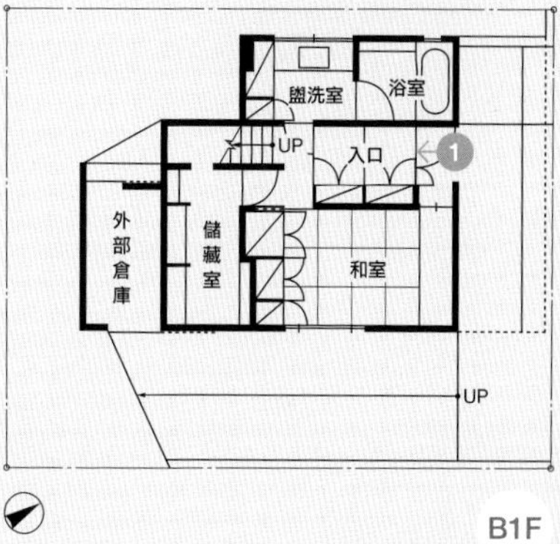


B1F

以白色為基調，充滿明淨感的LDK。非常整齊俐落的理由之一，就在於中心的廚房。附百葉窗的收納架與看不見手邊的廚房櫃台等，都經過精心配置。

在蓋新房子時，T氏夫婦委託建築師內海智行先生設計。在雜誌上看到白色室內設計的住宅令他們非常中意。他們想在白色明亮的空間裡過生活。這是T先生提出的第一個願望。黑色外牆從屋頂呈曲線下降形成獨特的外觀。雖然並不顯眼，卻很搭配周圍閑靜沉穩的街景。走上LDK所在的那一層，眼前是一片令人詫異的明亮空間。白色牆壁與天花板，純一色的槭木地板，還有以白色為基調的室內設計。從陽台所在的南側，光線充分地照入客廳深處。「為了能自由地擺設家具，設計成將牆壁適度地留下。大幅敞開的南面以外的窗戶，都是在腰部以上的小型開口。」內海先生說。

另外，女主人也有一點強烈要求。那就是「多餘的物品不想放在外頭，希望有個整潔的生活空間」。內海先生說：「以

廚房櫃台底下，確保可兩面收納。客廳．飯廳那端是深度較淺的架子，作為碗櫃與瓶子的擺放處。

牆邊都是收納處。上半部是女主人自己因為想要使用德國系統化廚房廠商．Poggenpohl的百葉窗型扇門的收納櫃而訂購的。抽屜式的收納區也是容量十足。

T先生家來說，女主人認為家事與整潔的生活風格同等重要，因此我留意一邊維持沒有壓力的家事動線，一邊打造出能在這當中與家人良好交流的空間。」

在1樓，以廚房為中心，連接配置能在此作業的工作空間。而走下半層樓就是洗衣室。由此，也能連接暫時放置垃圾的屋外置物處。廚房採用了百葉窗式的收納架。做菜時可以打開架子作業，不過關上時，就看不到裡面。

這間廚房，是內海先生配合系統化廚房所設計的。女主人非常滿意地說：「總之運用起來很方便」。喜歡白色室內設計的男主人與兒子也在夢寐以求的明亮房子裡，輕鬆愉快地過生活。

# 利用差層式確保採光及通風 形成便於做家事的動線

透過連接客廳的露台，望向書房的方向。差層式的結構，使書房比客廳及廚房那一層高出半層樓。不論置身何處家人都能感覺到彼此的氣息。

從廚房望向階梯方向，右手邊是擺放傳真機的收納區。低半層樓的部分是洗衣室，主要的家事動線集中在從廚房的一直線上。

女主人的工作室。上方活用為收納書籍等等的空間。將冰箱旁的拉門拉起，就能遮住飯廳那邊的視線。

寢室之間以如家具般固定的收納區隔間。空間深度改變，一邊較淺，而整面都是收納書本的開放式架子。

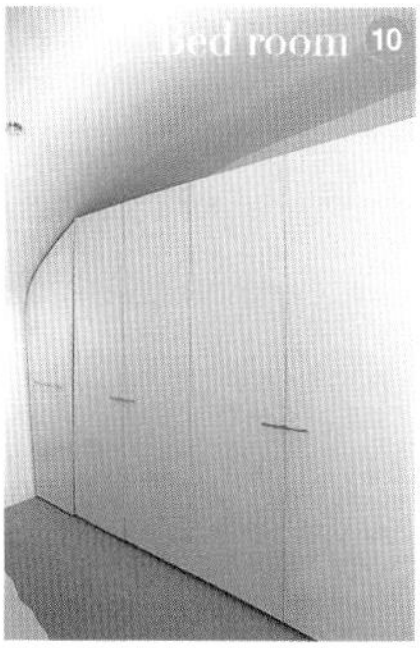


收納單位的另一側，是整面附門扉的衣櫥。從天花板到牆壁，配合屋頂到外牆的形狀畫出弧形。

## 03
## 利用收納展現的開放式空間配置

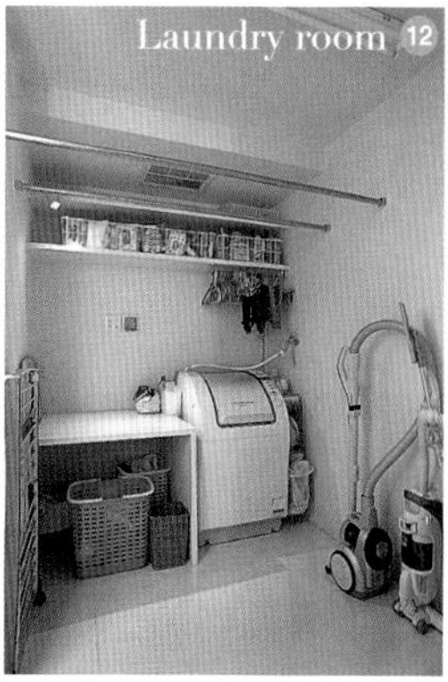


在洗衣室，備有可以熨衣服的工作台。另外，2根曬衣竿設置在上方，只要打開小窗子，就能在房間裡晾衣服。

攝影／桑田瑞穗

### DATA

設計＝內海智行／milligram architectural studio
家庭成員：夫妻＋小孩1人　構造．工法：木造＋RC造＋鋼骨造，地下1樓＋地上2樓
建地面積：130 m²（約39坪）　樓板面積：119 m²（約36坪）

在2樓客廳，玻璃的方形體向上突出混擬土的軀幹，形成天花板高4m的通風天井。爬上梯子是寢室，一整天光線從所有角度照入，也可以眺望藍天、星空。

04
利用收納展現的開放式空間配置

# 大小收納櫃 表情豐富地配置的 套房空間

**神奈川縣・H公館**

右圖／從客廳望向玄關。安立小姐在世界各國購買的嗜好品平淡地裝飾在此處。左圖／陽光從樓梯間上方的天窗灑入，可享受通風天井的開放感。樓梯間2樓的地板是格子板，光線可到達1樓，甚至是地下室。樓梯沒有踢板，因此沒有壓迫感。

## 2樓 空間配置的重點

### 充滿光線的2樓·3樓。也設法讓光線到達下層

2樓是客廳，還有相連的工作室與浴室。光線從四邊鋪上玻璃的3樓照入，是非常明亮開放式的空間。樓梯上方的地板與浴室的一部分是格子板，可使光線到達下面的樓層。

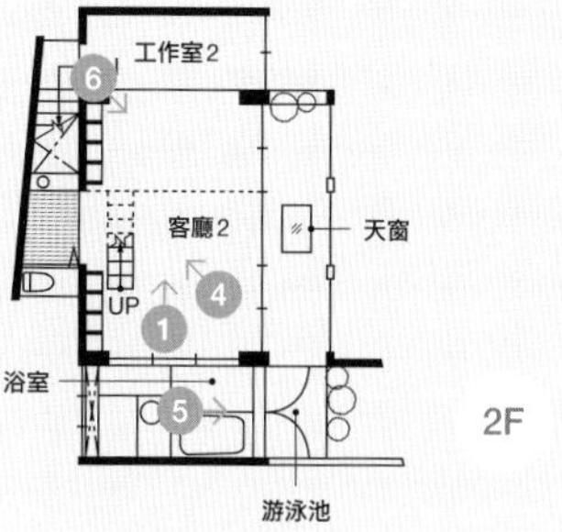


## B1·1樓 空間配置的重點

### 連成一體的空間依領域劃分

建築物內沒有個別房間，是沒有隔間的套房空間。1樓與2樓，設有特性不同的客廳空間，另一方面，地下室充作書庫與儲藏室，輔助上層的生活空間。

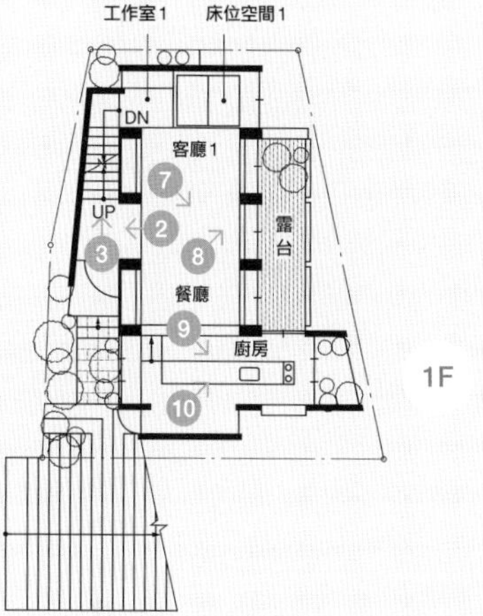


## 收納的重點

### 配合生活場景的適切收納

書庫與開放式衣櫥，還有儲藏室等，集中在地下室設置的複數收納空間頗具特色。1樓客廳的收納區沿著牆面設置。用於整理日常使用的各種東西。

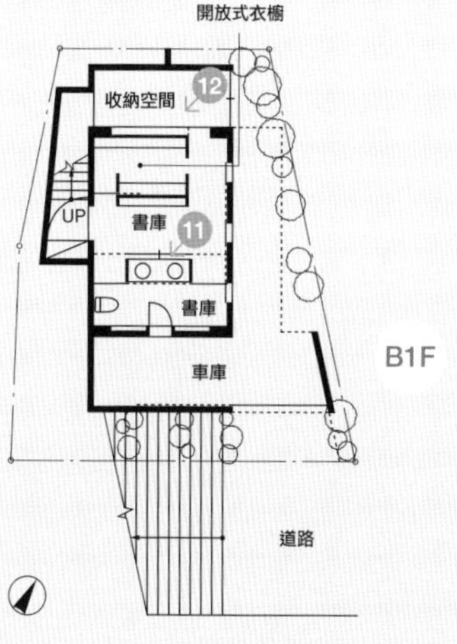

連接客廳設置的浴室也有大型窗子與天窗，充滿開放感。明亮的日光灑下，宛如日光室。浴室東側屋外有個小型游泳池，可體驗簡直像在空中游泳的感受。

從地板到樑下一整面，設在2樓2個地方的書架。與塗成白色的牆面合為一體，因此沒有壓迫感。有足夠的空間可以放進大型書本，處處作為擺飾架使用。

建築師安立悅子小姐為一家人著手設計的自宅，就在橫濱的傾斜地。石梯沿路種植了綠色植物，建地的界線因此變得模糊。尤其是通往玄關的途徑，彷彿綠意覆蓋的隧道。一踏入玄關，便是光線從天窗傾瀉的明亮樓梯間，連接到1樓的客廳、飯廳和廚房。廚房比客廳・飯廳矮一階。傾斜地面本身複雜的條件，藉由各樓層的高度調整解決。而且這個高度差，使得幾乎沒有隔間的套房空間能創造出和緩的區域。

1樓的牆壁內側灌進混擬土，可感受到一種具有溫度的表情。間接地使納入的光線沿著牆壁，溫柔地包覆整個空間。從東側的窗子，隔著陽台茂盛的綠意可看見街景。

配合這樣的氛圍，四處都設置了適合稍事休息，或讀本書的角落。

窗邊的窗台也是其一。確保了適合坐下的高度與寬度。在這底下，則有效利用成收納區。「一開始就在客廳設置收納區會比較好吧」安立小姐說道。另外她也說：「我設計的住宅，也附有儲藏室。可以放置雜物的地方也是必須的。」實際上在這間自宅，地下室確保了書庫與開放式衣櫥和儲藏室也有效地活用。

2樓一改1樓的樣式，是整片沒有陰影的明亮開放式空間。在沙發床上開躺時，可從固定的書架上選一本書。處處都準備了休憩區的這間房子的舒適生活空間，在背後輔助的收納空間功不可沒。

# 充分納入日光與綠意 享受開放式空間

從3樓的床位空間俯瞰客廳。客廳到浴室，以及連到外頭的開放式空間。中央的沙發床是愛犬安安最愛的地方。

從1樓客廳望向廚房。刻意從天窗納入來自南側的自然光，沿著RC牆轉進房間。

往北側的榻榻米空間一看，有好幾處能夠休息的空間。擺放在客廳的椅子是Børge Mogensen設計的西班牙椅。

為了能讓親子在廚房裡面對面作業，在櫃台兩側的地板高度設有22cm的高低差。

Sanitary 11

透過洗臉台望向廁所方向。2個洗臉槽採用對面型的雙水龍頭，拉門的內側當成鏡子，家人可以同時使用。

Library 12

書庫內側是開放式衣櫥，更裡面則是儲藏室的收納空間。在客人突然來訪時，此處可暫時擱置物品。

7 1F LDK

## 04 利用收納展現的開放式空間配置

Kitchen 10

廚房櫃台以鋼鐵製作框架，上方以混凝土板作為工作台，上面則是水槽與瓦斯爐。櫃台下放入冰箱、冷凍庫與洗碗機，並加裝門板。

攝影／桑田瑞穗

DATA

設計＝安立悅子／建築設計事務所　atelier BLANC
家庭成員：夫妻＋小孩1人
構造・工法：RC造＋鋼骨造，地下1樓＋地上3樓
建地面積：81.61 $m^2$（約25坪）
樓板面積：113.12 $m^2$（約34坪）

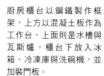

爬上樓梯就是LDK。一看便知明亮的光線從北側陽台照進室內。

入口的門以男主人喜歡的車子法拉利的印象塗成紅色。地板為大理石。也訂作了容量充足的鞋櫃。

05
利用收納展現的開放式空間配置

# 生活小物全放到收納櫃裡。整齊牆面收納的房子

千葉縣・伊藤公館

餐桌從室內設計商店CIBONE購入。可以伸長，最多可坐10人。與中島式廚房的寬度一致，室內維持井井有條的印象。

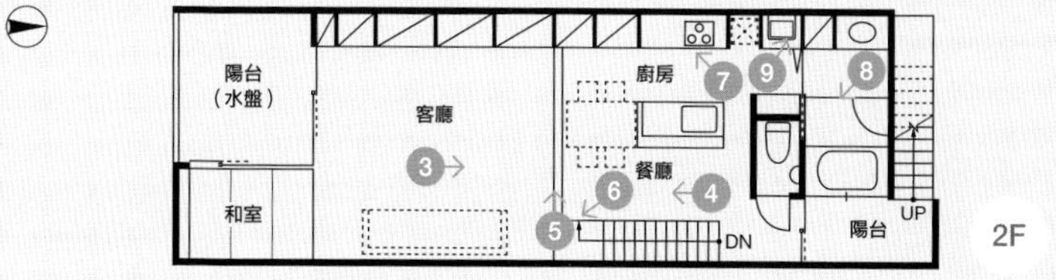


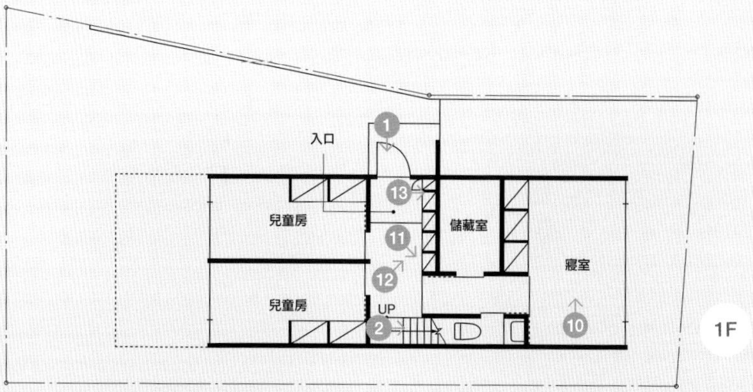


## 2樓 空間配置的重點

### 意識到橫向的連接 集中感受室內的空間

2樓的天花板高度為2.5m。這棟房子南北狹長，不刻意挑高，而是活用橫向的連結，讓人感受室內的廣度。光線和風從南北側的陽台與中央天窗納入。

## 1樓 空間配置的重點

### 私人房間具有 令人心情沉靜的氛圍

1樓是有個別房間的私人樓層。以入口大廳為界線，將居室左右分成兩半。寢室的天花板高度為2.15m，孩子房間則定在2.25m。因為夫妻倆覺得「閉居」的房間不需要太大。

## 收納的重點

### 出色的空間節省計畫 收納＋廚房的一體成型

考量廚房、洗臉台也是收納的一部分而一體化之後，就是長度超過10m的客廳牆面收納區。1樓除各個房間的收納處以外，還設有3疊大小的儲藏室，用來收納大件物品。

「想要井井有條的生活。」

這是伊藤夫婦的第一個願望。

「不喜歡生活空間裡東西堆得亂糟糟的。我們嚮往不會感受到生活雜物的簡單空間，於是委託建築師布施茂先生設計。」夫妻倆異口同聲地說。

建築物利用南北狹長的建地特徵，是灌入混擬土的2層樓房子。外觀為四角形的方型體。在男主人的堅持下玄關門扉塗成鮮紅色，一打開這扇門便進入寬闊的入口門廊。2個孩子各自的房間與主臥室，以門廊為界線分成左右兩邊。

走上2樓，是以客廳．飯廳為中心的開放式空間。南邊是同時當成水盤的陽台，積水後波光粼粼的水面會反射光線到室內。北側設有面對浴室的採光中庭，使明亮的光線與舒爽的微風進入。

此外，房間的中央切出縫隙

客廳裡除了沙發與桌子以外，完全沒有擺放生活上的小雜物。一整個牆面的大收納處只佔據了最小的空間。3m的沙發是在ACTUS訂購的。

狀的天窗，象徵性地照射室內。這個空間的西側設置了長11公尺的牆面收納區。從住居的一端連接另一端的收納區包住廚房，備有爐灶與瓦斯爐。此外在延長線上，連接洗衣間、浴室。做家事時只需一直線移動，動線也很不錯。這個牆面收納區特別值得一提的是，設有方便洗鞋子的洗滌槽。這是女主人希望能讓參加棒球社的兒子把鞋子與襪子上的污泥弄掉。

「只要設計放回物品的位置，直接收到這裡即可，非常輕鬆呢」看似簡單，卻細心考慮過的收納區令女主人相當滿意。

竣工後，即使如今已過了1年多，室內一樣保持漂亮整潔。

## 以光線點綴混擬土與玻璃的魔幻元素

從LDK中央切出的天窗採光。地板與天花板的縫隙在相同位置上加上毛玻璃，使光透至樓下。玻璃部分也有助於劃分飯廳與客廳。

客廳裡連照明設備也收在牆面上。突起物只有飯廳上方加裝的燈光。從天窗照入的光線時時刻刻都在變化，展現出各形各色的風貌。

廚房作為牆面收納的一部分而一體成型，未使用時也不會有強烈的存在感。

上圖／放置烤箱、電鍋的棚架可利用軌道前後滑動。抽屜也可以收納大型的鍋子。下圖／玻璃杯類放在中島式流理台前面的淺型收納區裡。

## 05 利用收納展現的開放式空間配置

冰箱擺放處旁邊，藏有洗鞋用的洗滌槽。可以站著清洗沾上污泥的鞋子和襪子。這是女主人為了參加運動性社團的孩子所要求設置的。

在牆面收納區的延長線末端是浴室。雖然位於建築物北側，但是因為面對採光中庭，所以此處非常明亮、通風良好。也不會充滿濕氣，非常舒適。

伊藤先生家緊鄰隔壁的房子，所以1樓的主臥室、孩子房間的窗戶皆使用毛玻璃，以遮蔽外部的視線。

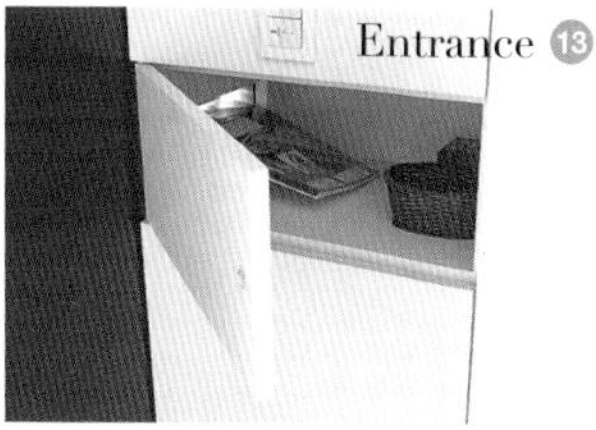


右・上圖／玄關設置了大型鞋櫃與寄物處。還附有可從室內取出報紙信件的信箱（上圖）。這裡也放了收宅配用的印章。

鞋櫃裡面，以棚架細分。塞滿一家四口的鞋子，玄關一帶不會堆滿了鞋子。

攝影／石井雅義

DATA

設計＝布施茂／fuse-atelier
家庭成員：夫妻＋小孩2人　構造・工法：RC造，地上2樓
建地面積：145.16m²（約44坪）　樓板面積：103.16m²（約31坪）

PART 3

## 具有家族成員情感交流之場地功能

# 徹底研究以廚房為主體的空間配置

開放式廚房成了當今主流，
「廚房」可謂掌握了空間配置成功的關鍵。
讓做家事更輕鬆的功能性，與家人朋友聚在客廳裡的舒適感毫不衝突的廚房
——在此將徹底研究以此種廚房為中心的5間房子的空間配置。
並且探究打造舒適住宅的關鍵。

### 01 在眺望綠道景色的廚房裡，享受美食談天說地的家

T公館　設計＝莊司毅／莊司建築設計室

02 **一家5口鬧哄哄的「飯廳」型廚房空間**

M公館　設計＝長濱信幸／長濱信幸建築設計事務所

03 **掌握LDK空間的關鍵，視線良好的簡樸廚房**

川嶋公館　設計＝高安重一／Architecture Lab

04 **廚房是我家的眺望台。生活緊鄰清流的景色**

N公館　設計＝納谷學＋納谷新／納谷建築設計事務所

05 **以差層式連接，充滿家人歡笑的廚房**

F公館　設計＝並木秀浩／A-SEED建築設計

廚房盡頭的小窗，視線在空間的長邊方向毫無遮攔。右邊的大片落地玻璃，將目光引向與建築物並行的綠道景色。

01
徹底研究
以廚房為主體的
空間配置

# 在眺望綠道景色的廚房裡，享受美食談天說地的家

## 千葉縣．T公館

面對綠道有大片落地玻璃的平房，結合容納私人空間的黑色方形體的2樓房子T公館。夏天的柳葉，遮蔽住馬路方向的視線。

# PLAN

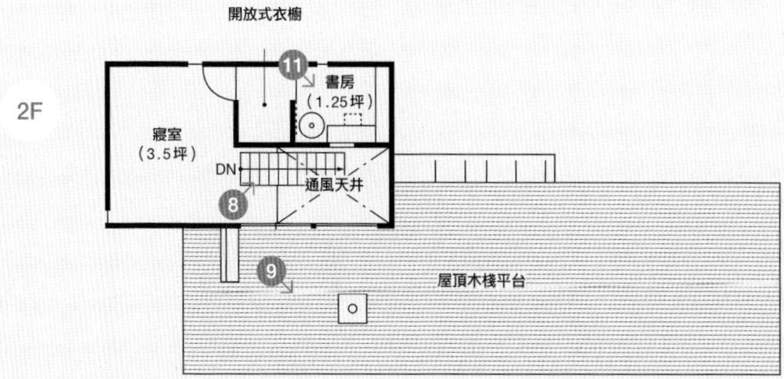


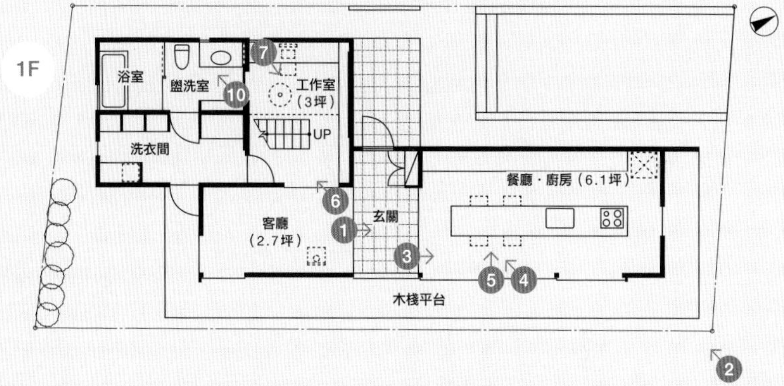


## 廚房計畫的重點

### 集中功能的
### 漂亮開放式廚房

與廚房並行在側面設置長形櫥櫃。將鍋類器具收到瓦斯爐旁，提高運用效率的收納設計。牆面的架子以美觀的陳列呈現出一個舒適的空間。

## 空間配置的重點

### 小巧的住宅
### 延伸出多變的空間

配合2人生活的小巧居住空間裡，在開放式的廚房、可窩在裡頭的書房、屋頂木棧平台等處可體驗到不同的氛圍。這樣的空間相互連接，同時不遮蔽視線，實現一個沒有閉塞感的家。

納入綠道景色，感覺舒適的廚房空間。地板材料是質感柔軟的30㎜厚的杉板。天花板與牆壁的矽酸鈣板質地，染成透光的淡白色，室內有一種溫暖的感覺。

# 在空間的連結中，體驗切換各形各色的場面

4 Living-Dining

客廳與廚房中間的土間，成了特性迥異的2個空間的緩衝地帶。容納私人空間的黑色方形體也出現在室內，令人猜想即將連接到氛圍不同的空間。

Dining 5

重視舒適感的設計。大型收納櫥櫃低於視線所及範圍。架子上作為展示空間，以美麗的花朵與器具裝飾。有著4.6m吧台的廚房由設計師和工程業者合力打造。

融入水渠一帶綠意中的形勢低矮的房子。這塊建築用地面對柳葉搖曳的綠道，T氏夫婦第一眼看到就非常中意，他們委託建築師莊司毅先生設計，要求打造一棟「善用地點的房子」。「之後我們就交給莊司先生了（笑）。相對地，我們也詳細描述了平日的生活情形。」（T先生）

這對夫妻幾乎從未2人坐在一起看電視。由於兩人都有工作，所以很珍惜平日一起度過的晚餐時間。從這樣的日常生活，莊司先生得到一個結論，那就是「住在廚房裡的家」。

明亮的廚房，在平房部分獲得了大空間。房屋面朝東南方，假日從一早便可邊感受景色與日照邊悠閒地度過。廚房周遭的各種器具都收在收納能力出色的櫥櫃裡。擺飾架上整齊地陳列鮮花與器具。

「2個人一起打造會比較開心吧。」在太太要求的餐桌與流理台合為一體的廚房裡，每天一邊做菜一邊聊天。另外，住在附近老家的父母親與妹妹一家人來玩的時候，大型吧台便能發揮重要功能。另一方面，隔著玄關土間面對廚房的客廳特質則呈現強烈對比。

「其實我們的興趣完全不同。在我看書的時候，他都是窩在客廳的沙發上看運動節目（笑）。」

此外，工作室與男主人的密室等，氣氛迥異的空間在小巧的住處中延展。當2人一起，或獨自享受度過的時光，這個場所以恰如其分的距離感連結。

以廚房為主角，多元空間點綴配角的住居。率直地檢視日常生活，即可實現符合居住者生活的住宅空間，T先生的家令我們了解到這一點。

## Kitchen的講究之處

A. 開放式廚房的抽油煙機也考量到斷面的寬度。B. 桌面上設置的廚餘收集處保持了吧台的清潔。C. 收納力超強的櫥櫃使腳邊很整潔。

## ⑥ Work space

緊鄰客廳的黑色牆壁裡，是擺放電腦與書架的工作室。藉由地板的高低差，設計為可切換成氣氛不同的空間。在樓梯的另一側，是從2樓密室伸出來的滑杆。

下圖／陽光從面對陽台的窗戶照進工作室的通風天井。左圖／容納私人空間的2樓的方形體內，浮現另一個小盒子的外觀。染色時活用樹紋的牆壁裡，是開放式衣櫥與男主人的密室。

01
徹底研究
以廚房為主體的
空間配置

2樓的小方形體內是男主人最講究的密室（書房）。「狹窄一點可使心情較為平靜」，因而刻意打造寬1.25坪、天花板高1.8m的狹小空間。地板上有一個滑杆通過的圓洞。

「想在屋頂上喝啤酒」這是T先生的要求。與周遭的綠意融為一體，外部裝飾以木棧平台包覆的平房屋頂當成露台來使用。

工作室的內側，有2扇門通往盥洗室・浴室（右邊），及收納能力極強的洗衣間（左）。形成可在各個空間的內側連接穿梭的設計。

攝影／黑住直臣

DATA

設計＝莊司毅／莊司建築設計室
家庭成員：夫妻　構造・規模：木造、地上2樓
建地面積：144.24m²（約44坪）　樓板面積：79.83 m²（約24坪）

一踏進玄關便展現在眼前的飯廳，同時也是M公館輕鬆的會客廳。透過左手邊內側略高幾階的客廳，可以眺望公園的綠意。

02
徹底研究
以廚房為主體的
空間配置

# 一家5口鬧哄哄的「飯廳」型廚房空間

**千葉縣・M公館**

從房子裡的每個角落，都能看到建築用地北邊的那一片綠地。飯廳內側略高數階的地方是客廳，右手邊銜接書房區。地板採用柚木材質，天花板則使用米松合板。

PLAN

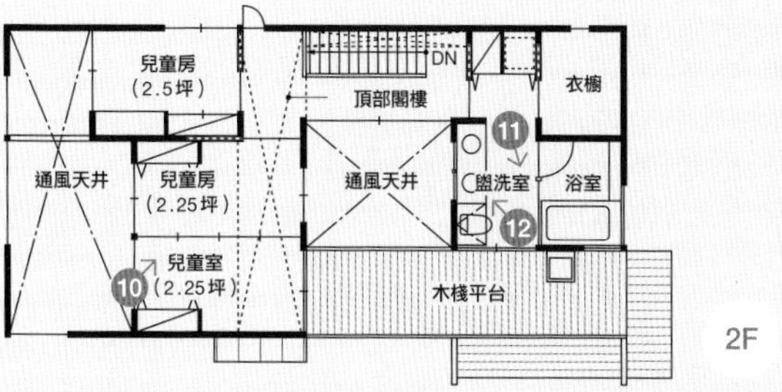


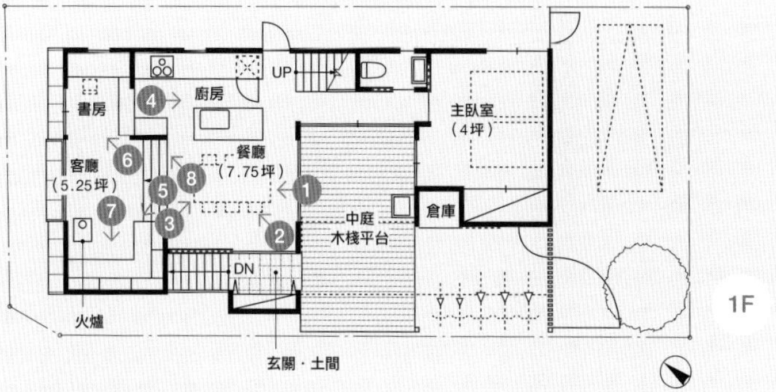

## 廚房平面圖的重點

### 考量到夫妻的身高差異
### 設計成便於運用的廚房

考量到身高差距約20㎝的夫妻彼此都容易使用的吧台尺寸，爐灶的高度為80㎝。雖然較低，不過男主人經常使用深湯鍋做料理，所以反倒方便。在烤爐前也設置了工作台。

## 空間配置的重點

### 空間的連結與
### 視線的暢通獲得開放感

以廚房為中心，藉由高低差劃分的客廳與圖書區、書房與音樂室等，M公館具有氣氛迴異的空間。空間的連結與拉門的採用，從房子各處都能看見雜木林的配置催生出開放感。

對著中庭敞開的飯廳。廚房旁邊的樓梯，連接到2樓的盥洗室．浴室，做家事的動線也很順暢。

「廚房與飯廳是我家的中心。如同起居間這樣的地方。」

膝下有3個正值發育期的孩子一起過生活的M氏夫婦，將大餐桌當成摺疊式矮桌。在家人團聚的「起居間」，孩子們在這裡寫功課，或者邀請朋友來開派對。大人小孩打成一片，每天都上演著熱熱鬧鬧的生活場景。

M先生家的用地北邊有一片公園的雜木林。夫妻倆對建築師長濱信幸先生要求設計一棟「享受美食綠意讀書的家」。在派對上親手做菜款待客人的男主人，要求飯廳要面對享用烤肉的中庭，也要求一套烤麵包的正式調理設備。太太則希望一間視線可以掌握全家人的司令塔般的廚房。

仔細研究2人的要求而完成的廚房，「就像一件合身的衣服」（太太）。流理台尺寸恰好適合體格有些差異的2人，成為家庭中心的配置計畫為特色所在。飯後閒聊想離開廚房休息一下時，就窩在最裡面的圖書區。這裡是有火爐的舒適客廳，由此處北邊的大窗戶可以欣賞公園的綠意。儘管緊鄰嘈雜的飯廳，但藉著將地板提高80㎝上下，便產生了氣氛迥異的空間。

即使待在2樓的兒童室，從面對客廳通風天井的內窗，也能察覺到樓下的情況。

「開飯囉——」

孩子們聽到媽媽的叫喚跑來廚房集合。今天的午餐是爸爸親手做的義大利麵。飯桌旋即被5人份的料理點綴生色。

「家人深深的情感對M公館而言就是『美好的家庭』」（長濱先生）。

享受生活的多元空間中心——廚房，成為「美好的家庭」的關鍵並充分扮演它的角色。

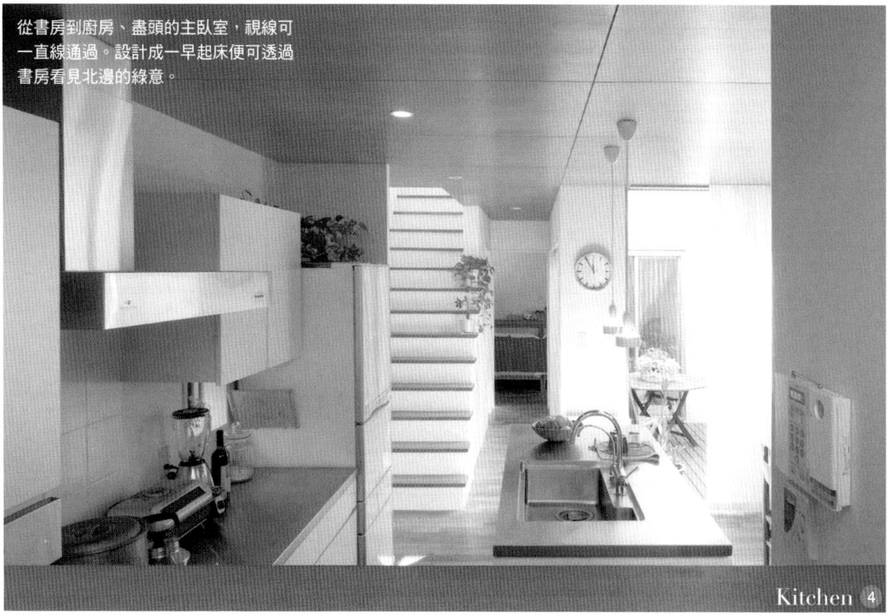

從書房到廚房、盡頭的主臥室，視線可一直線通過。設計成一早起床便可透過書房看見北邊的綠意。

Kitchen 4

客廳的圖書區。尺寸寬大可間躺的長椅圍著暖爐，形成一個舒適的空間。

Living 5

## Kitchen 的講究之處

A. 廚房內側的工作台。桌面採用人工大理石用來揉麵。摺疊式的桌面作為上菜用。B. 桌面是2㎜厚的不鏽鋼，可減緩熱湯導致的凹下。

# 在柔和日光從北邊窗戶灑進
# 與充滿綠蔭的客廳裡
# 靜靜地享受讀書樂

6 PC Corner

位於圖書區對面的書房，是家人的電腦區。右手邊隔著櫃台可俯視廚房。這個住所與休息、讀書、學習等生活場景緊密貼近。

7 Living

圍著暖爐的圖書區為「被爐的印象」（長濱先生）。固定的長椅下方空間作為收納用。2樓兒童室所設的3面小窗，並排面對客廳的通風天井。

8 Living

從設在通風天井的大窗戶納入北邊的綠意。眼前的雜木林景色，使人宛如置身於別墅客廳裡。

客廳正下方的半地下式琴房，同時也是1樓主室中未擺設電視的M公館的視聽室。從連接客廳與飯廳高低差的踏板之間可觀察1樓的動靜，因此沒有孤立感。鏡子背面是收納處。

以上2圖／以連接玻璃隔間與陽台的動線，實現開放式易於運用的用水週邊。盥洗室旁邊的大衣櫥收納了全家人的衣物。馬桶上面設置了便於熨衣服的摺疊式工作台。

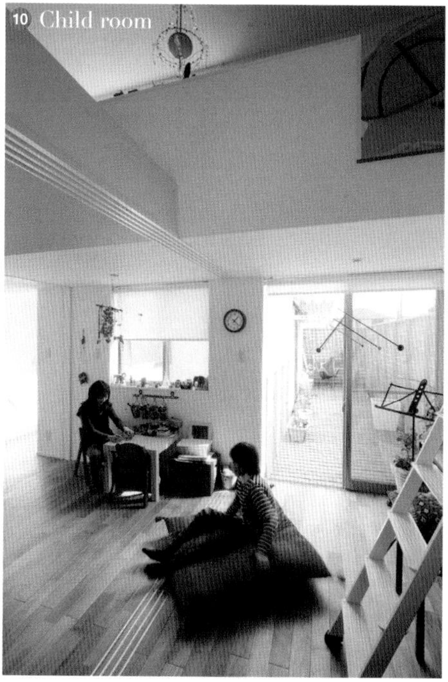


長女與次女的兒童室，中央能以拉門隔開。閣樓是擺放床位的空間。連接到俯瞰中庭的陽台，從面對客廳的對內窗可察覺樓下家人的動靜。

## 02
## 徹底研究以廚房為主體的空間配置

攝影／黑住直臣

### DATA

設計＝長濱信幸／長濱信幸建築設計事務所
家庭成員：夫妻＋小孩3人
構造・規模：木造＋鋼筋混擬土造、地上2樓＋地下1樓
建地面積：165.00m²（約50坪） 樓板面積：139.53 m²（約42坪）

居室是圍起中庭的口字形。作為與中庭界線的落地玻璃柱子依場所變換距離配置。經常窩在裡頭工作的書房，柱子的間隔較短。

從廚房望向客廳的情景。中庭隔在中間將連為一體的空間和緩地區隔開。

03
徹底研究
以廚房為主體的
空間配置

# 掌握LDK空間的關鍵 視線良好的 簡樸廚房

千葉縣・川嶋公館

PLAN

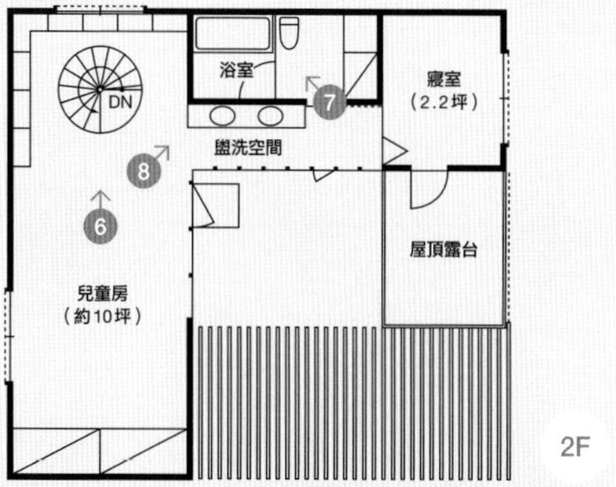


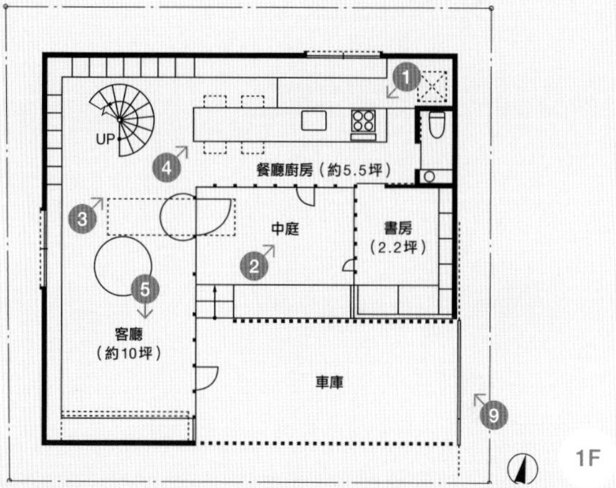


## 廚房平面圖的重點

### 排除機器凸出的部分
### 徹底活用空間

能維持沒有隔間牆的LDK空間，是因為廚房機具的凹凸不明顯。採用全電氣化，爐灶使用IH電磁爐使工作台平整。通風扇安裝進天花板。

## 空間配置的重點

### 以中庭為中心配置的
### 口字形有良好的採光通風

1樓是車庫與居室圍起中庭的口字形。2樓為車庫上方不設居室的L字形。打通南邊使光線也能到達1樓房間角落，利用中庭使室內產生視覺上的寬廣度。北邊設有通風用的窗戶。

從客廳望向廚房的情景。
右邊也能看見書房。家人
聚集在舒暢的一室空間裡。

## 透過中庭，吸收明亮光線與舒爽微風的LDK

「想珍惜與家人一起度過的時間」川嶋先生以如此想法，向建築師高安重一先生傳達了4項要求。第1點是要讓光線進入家裡的每個角落。第2點是充分通風。第3點是要有走廊。而最後一點是這棟房子的關鍵，就是室內不要有隔間。

以這些條件為基本所完成的，就是由中庭取代走廊，而車庫與居室圍起中庭的口字形房子。1樓是客廳．飯廳．廚房連為一體的家人的公用空間，這裡就是住宅的中心。

廚房是與餐桌連成一線的中島式，作業動線非常流暢。晚餐後移動到客廳，用大螢幕觀賞電影。專門雜誌「家庭劇院檔案（Home Theater File）」的總編輯川嶋先生也決定引入劇院。

至於廚房，有著強調不隔間的LDK空間之理由。沒有阻礙視野的抽油煙機，取而代之的是通風扇裝進天花板內。這是可採用IH電磁爐的結構。以IH調理較少油煙，所以重點是除去水蒸氣與味道的功能。工作台與通風扇只距離短短2m，不過，由於空調．電氣的專門技師參與設計，所以通風能力上沒有問題。此外，省下無謂凸出部分的結果，使LDK非常整潔。家人的笑容洋溢在明亮、寬敞的空間內。

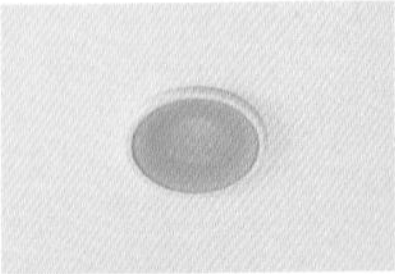

以上2圖／在廚房天花板安裝2個小型喇叭。操作時只需按下牆面上的開關。音樂從客廳的操控系統傳到廚房。右圖／邊聽音樂邊做菜，在廚房享受與家人團聚。

面對中庭的開放式客廳同時也是欣賞電影的地方。投影幕下方的收納櫃，鋪設了透過紅外線連線的揚聲器。

## Kitchen的講究之處

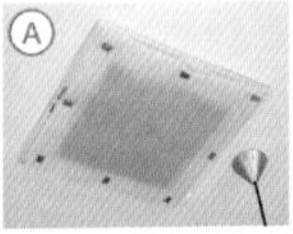

A. 通風扇位於距離工作台約2m的位置，充分發揮排出水蒸氣與味道的功能。B. IH電磁爐為AEG牌。C. 工作台底下容易潮濕，所以採用骨架型。利用推車收納。

兒童室在2樓。透過中庭與1樓相連，因此隔著窗子便可察覺家人彼此的動靜。1樓是白色地板與褐色牆壁，2樓則是木料地板與白色牆壁。

03
徹底研究
以廚房為主體的
空間配置

同時也是入口的車庫。通常，很少把車庫設在南邊，但這是因為男主人強烈要求，為了因應打造具走廊功能的中庭。這裡也是孩子們在下雨天的遊戲場所。

上・右圖／中央的方形體房間是廁所和浴室。洗臉台設在方形體外，可在明亮的空間內梳妝打扮。2個臉盆使忙碌的時間點也不會顯得擁擠。上圖為方形體內的樣子。

攝影／桑田瑞穗

DATA

設計＝高安重一／Architecture Lab
家庭成員：夫妻＋小孩2人　構造・規模：木造　地上2樓
建地面積：132.18m²（約40坪）　樓板面積：112.26 m²（約34坪）

溫暖的陽光傾瀉入客廳。以白色為基調的室內裝潢使房間的亮度更為提高。

玄關不設門框，而是平坦型。孩子房間地板用剩的白色人工草皮，拿來這裡當成腳墊使用。

04
徹底研究
以廚房為主體的
空間配置

# 廚房是我家的眺望台<br>生活緊鄰<br>清流的景色

**茨城縣・N公館**

廚房比客廳高出88cm。面向南方配置，能夠在此一邊做菜一邊眺望遠處群山與流經附近的清流。

# PLAN

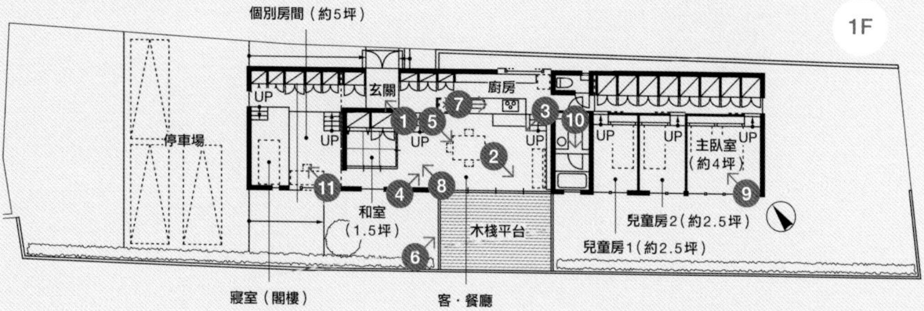


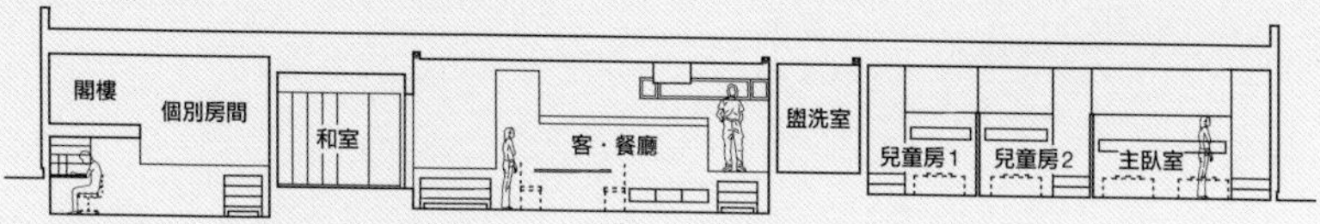


## 廚房平面圖的重點

### 與空間融合的簡樸廚房

配合包含客廳的整體空間的舒適印象，流理台採用白色人工大理石。在客廳的界線，立起約10㎝的玻璃板以防水花飛濺或物品掉落，非常地仔細用心。

## 空間配置的重點

### 南面納入景色北邊配置收納區

建築用地是河川附近填土的新生地，所以地盤鬆軟。因此，為了打下堅固的地基，而深掘南側的地面。利用此一結果產生的高低差，在南側設客廳與寢室，北側則是玄關、走廊、收納區。

N公館的建築用地南方為一片綠意盎然的森林，眼前是一條有香魚、鱒魚棲息的清澈河流。這是在大都會中無法體驗到的，令人羨慕的居住環境。N先生一家人希望能蓋一間將這番景緻徹底活用的房子，於是委託建築師納谷學先生．新先生設計。東西狹長約134坪的建築用地，橫臥在河川前。而納谷先生，為了讓這一家人無論置身房子何處都能欣賞河川的景色，而構思一幅所有房間南面都有窗子的平房平面圖。

雖是平房，但一踏進這間屋子，便能感受到各個場所地板高度的變化，這為整間房子帶來一種令人不覺得是平房的獨特律動。而表現得最顯著的地方，就是廚房。鄰接的客廳往下挖比廚房低88cm，使得廚房看起來簡直像一座舞台。

廚房與客廳、外面的露天平臺連成一體，可謂家庭中心的空間。客廳比廚房稍微往下挖，使得天花板較高，而有一種開放感。有2座階梯，來回走動很方便。

## 輕巧的高低差使空間產生律動
## 可欣賞外面自然與屋子風景的家

「白天女主人待在家裡的時間最久，因此我想讓家事的中心廚房成為一個舒適的場所。」納谷先生說。一站到廚房，就能看見客廳裡的家人，透過另一頭的露天平臺，則能眺望清流與樹林的景色。「在做菜時，不經意地瞧見外面的自然景色，可以感到非常放鬆」N太太感覺非常滿足。

通往客廳，以2座階梯連接。可從廚房繞進來，因此餐前的準備與餐後的收拾都很方便。在以吃飯和家人團聚為主的客廳，能以不同於廚房的高度欣賞外面的景色。

「藉由在空間添加高度差，有效地掌控視線與行動，不管置身家中何處都能感覺舒適，我的目標就是打造這樣的住宅。」納谷先生說。正如其言，這間房子的舒適感，在N先生一家人的笑臉上表露無遺。

上圖／在寬敞明亮的客廳，擺放北歐風格的餐桌，一家人在此用餐團聚。天晴時，把餐桌移到露天平臺，也能在開放式陽台享受用餐。 下圖／露天平臺從地面稍微往下挖，感覺像是面向河川打造的舞台。窗框上方收納雨篷，夏天時拉出來，可遮擋烈日，如此用心使生活更舒適。

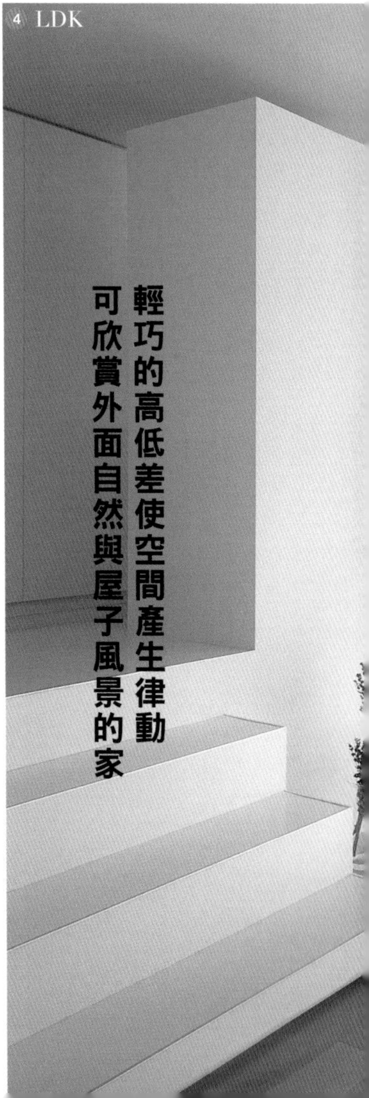

廚房空間在北邊牆面設有收納處，對著南邊的客廳設置寬3.4m的流理台。位於東西狹長的房子中心，同時發揮了通道的作用。

進入玄關走下左側的階梯，面對客廳有一間1.5坪的和室。內側再低一階連接的是弟弟的工作室。藉由高低差設置通往各個房間通道的獨特構造。

## Kitchen的講究之處

A. 頗具設計感的金屬水龍頭為德國GROHE公司製。B. 不浪費半點空間，有效利用的滑動式收納架。C. 不突兀、搭配空間的白色通風扇罩也是特別訂購的。

位於東邊的主臥室。牆壁上方安裝玻璃，藉此採光，也能察知走廊與孩子房間的動靜。

04
徹底研究
以廚房為主體的
空間配置

弟弟當成寢室兼工作室使用的西側房間。爬上走廊邊的階梯，是可以鋪1張棉被的閣樓，其正下方設有擺放電腦的櫃台，可在此工作。

廚房與客廳旁邊，是以白色為基調的盥洗室和浴室。廚房靠浴室那一側擺放洗衣機，讓家事動線縮短。浴室與盥洗室之間採用玻璃門，可感覺空間的深度。

攝影／牛尾幹太

DATA

設計＝納谷學＋納谷新／納谷建築設計事務所
家庭成員：夫妻＋2個小孩＋弟弟＋1隻狗　構造．規模：木造、地上1樓
建地面積：443.77 $m^2$（約134坪）　樓板面積：134.15 $m^2$（約41坪）

挑高樓層平緩地連接各個房間，站到中島式
廚房前面，可環視孩子房間與1樓。

廚房上方的閣樓同時為書
房與孩子的遊樂室。由此
處，左側為1樓與2樓的孩
子房間；正面、右側隔著
露天平臺可眺望景色。

05
徹底研究
以廚房為主體的
空間配置

# 以差層式連接充滿家人歡笑的廚房

埼玉縣・F公館

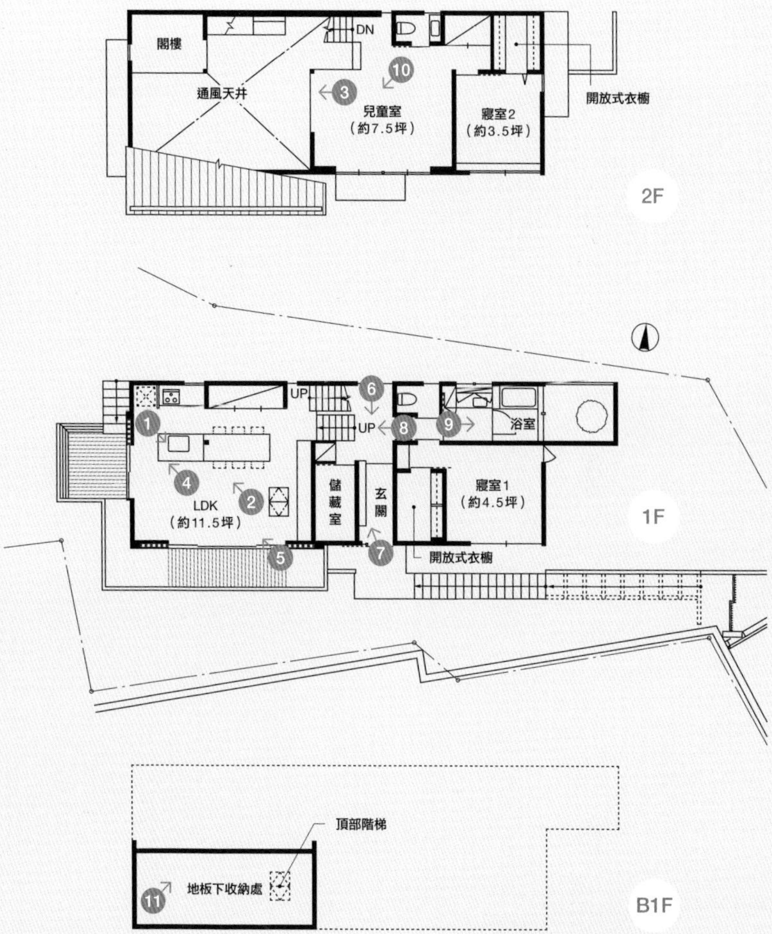


## 廚房平面圖的重點

### 全部收進隱藏式收納處舒暢地過活

「不想把物品擺在外面」因這項要求，而在牆面設置大容量的收納處。家電類有固定的收納場所，並算出架子的尺寸。廚房側面收納杯子類，連一點點空間也有效利用。

## 空間配置的重點

### 在可眺望景色的位置配置各個房間

建築用地之前是果樹園，是一塊陡峭的傾斜地。不刻意填土，藉由善用傾斜角度來抑制費用。此外，為了徹底活用高台獨有的景致，在1.5樓配置廚房、客廳、飯廳。

從2樓的孩子房間俯視廚房與飯廳。中間只有不會遮住視線的欄杆，可以察覺到身旁家人的動靜。

從廚房側面，可通往設有長椅的露天平臺。房子西側緊鄰一片雜木林，並木先生意圖將這番景色有效活用作為借景，而設置了西側露天平臺。

## Kitchen的講究之處

A. 系統廚房的側面為杯子與酒杯專用的收納空間。B. 飯廳後面藏有大容量的收納區。

適逢長男上小學，F氏夫妻倆便決定蓋一棟房子。趁此機會，他們計畫了與太太的父母親同住的雙家庭住宅。他們第一次來勘察時，這塊土地原本是一座果樹園，是坡度陡峭的傾斜地。儘管一度放棄，但他們實在無法忘懷高台獨有的美麗景致，最後決定買下這塊地。但是，他們原本想委託的建築商卻回說，這塊地若不填平就無法蓋房子。填土須耗費龐大的資金。這時，夫妻倆聽聞同樣在埼玉縣經營設計事務所的建築師並木秀浩先生的名號，而決定請他來看這塊地。

「當我一踏上這塊地，腦中立刻浮現了活用這傾斜度的房子形象。」並木先生說。

F先生的家，是活用傾斜度的差層式結構。上下層和緩的連接，實現了「空間配置要能夠察覺家人動靜」這項要求。而房子的中心，位於1．5樓的就是廚房與客．餐廳。

首先映入眼簾的，就是中島式廚房，以及相連的大餐桌。「想要以較短的動線上菜」女主人的這項要求化為具體形式。中島式廚房採用頗具功能的系統廚房。配合寬度訂製餐桌，再擺到廚房裡。對面是設有IH電磁爐的工作台，轉頭就能完成作業，做菜上菜的效率都很高。

此外，一站到中島式廚房前面，從1樓便可看到2樓，可立即察覺在頭頂上閣樓中與露天平臺玩耍的孩子們的動靜。一邊做家事，一邊守護孩子的成長，理想中的廚房於焉誕生。

家庭中心——廚房與客．餐廳空間，位在相當於1樓與2樓正中間的1.5樓部分。考慮到景色而決定這個位置。

6 Entrance

右・上圖／玄關是舒適的和式空間。牆上設有小窗，種植竹子的庭院作為借景具有不錯的視覺效果。玄關旁，固定了一張可以方便坐下綁鞋帶的長椅。

7 Entrance

Stair 8

連接各個樓層，平緩的階梯。拿掉踢板，採用簡單的扶手，刻意做成能讓視線通過。

# 傳達四季的更迭
# 一邊欣賞伊呂波紅葉（日本槭）
# 一邊享受露天澡堂的感受

最愛溫泉旅行的一家人講究、自豪的浴室。鋪上杉木板和黑石，更衣室的竹子地板等材料，醞釀出獨特的風情。

9 Bath room

Storage 11

這棟房子位於陡峭的傾斜地，因此必須打下堅實的地基。這時客廳下方形成的多餘空間就作為地板下收納處。

10 Child room

孩子房間並未隔間。從以差層式連接的客廳和廚房都看得見孩子的情況，可以放心。

攝影／梶原敏英

DATA

設計＝並木秀浩／A-SEED建築設計
家庭成員：夫妻＋父母＋2個小孩　構造・規模：木造＋鋼筋混凝土、地上2樓
佔地面積：410.93m²（約124坪）　建築面積：148.86 m²（約45坪）

PART 4

耀眼陽光傾瀉，舒爽微風吹拂

# 帶來舒適感的高級浴室

明亮的日光照入，通風良好，舒爽度滿分！
如同在客廳與廚房追求的舒適感，
認為浴室是住家的放鬆空間關鍵的人增加了。
由一面倒向洗淨身體，消除疲勞的功能性場所轉變為家人的療癒空間。
以下將會介紹費盡工夫產生舒適感的浴室實例。

## 01 藉由浴室的居室化徹底療癒

H公館　設計＝甲村健一／KEN一級建築士事務所

02 **沐浴在日光下**
**面向中庭的浴室**

S公館
設計＝高安重一／Architecture Lab

03 **溫柔包覆浴室的**
**綠色瓷磚**

M公館
設計＝彥根Andrea（アンドレア）
／彥根建築設計事務所

德國DURAVIT製的洗臉盆與F・Starck設計的水龍頭。馬桶是INAX的Satis。採用簡單設計的器具，外觀俐落。

01
帶來舒適感的浴室

# 藉由浴室的居室化徹底療癒

## 神奈川縣・H公館

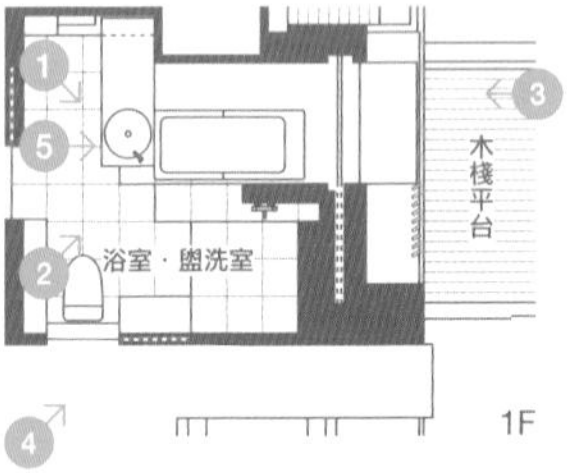


右上／利用黑色細割鑲邊瓷磚縮小空間，強調外頭的景色。左上／種在玻璃窗前面的2棵竹子，在構成景色的同時也兼具了遮蔽外頭視線的作用。左下／浴室外觀。甲村先生認為浴室也是一個房間，浴室也使用了與其他房間相同的材質與顏色，謀求住宅整體的調和。

H公館的浴室，以女主人熟悉的和式風格為基調，感覺像一座露天澡堂。

另外，浴室的特色是與客廳相連。區隔2者的牆壁內外都鋪了相同的磁磚，產生統一感。

此外，作為一個放鬆的場所而得到的結論，就是像浴室的器具排除到視野之外，建築師甲村先生如此說明。當躺臥在浴缸裡時水龍頭是在看不見的地方，排氣口則隱藏在玻璃旁邊。

「當另一半入浴時，由於浴室與客廳相連，所以能察覺到家人動靜，感覺不錯」男主人說。令人舒暢的浴室，被當成第二間客廳使用。

5

對著玻璃窗配置成縱向的浴缸。「從泡在浴槽裡的位置望出去的景色是最美的」甲村先生說。不只沖洗處，通風扇、排氣口等必要功能都巧妙地隱藏，使人的意識集中在景色上。

DATA

設計＝甲村健一／KEN一級建築士事務所
家庭成員：夫妻　構造．規模：鋼骨造＋RC造、地上2樓
浴室面積：9.95m²（約3坪）
攝影／石井雅義

2樓與3樓的內陽台地板是鐵製的網狀嵌板，採用FineFloor。依照季節窗框打開可體驗露天澡堂的感受。由於面積有限，洗臉台設在其他場所。



# 沐浴在日光下，面向中庭的浴室

**東京都．S公館**

S公館位於住宅密集地，對於外部是封閉的平面圖。3個樓層中1樓為舞蹈教室，2樓為寢室與浴室，3樓是客廳，浴室則位於訪客較多的中間樓層。而且是在北側。但是，浴室能一整天明亮寬敞，是因為面對使用了網狀鋼嵌板的中庭。中庭正上方是3樓的陽台，一面遮擋其他樓層的視線，一面將光線引到樓下。先來到中庭再連接到浴室。「像是離去般的印象」設計者高安先生說。

浴室內以放鬆為首要條件是夫妻倆的要求，因而將浴缸與淋浴間完全分開。雖然面積小是個難題，但是把淋浴間的門斜開就解決了問題。堅持採用的Jacuzzi公司的大型噴流式浴缸也順利地擺置。

曾在海外生活過的夫妻倆，不拘泥於浴缸與淋浴間合為一體的日本浴室風格，將2者分離。淋浴間與浴缸的分隔處在牆壁側有縫隙，所以可用蓮蓬頭清洗浴缸。

這裡是1樓的廁所。採用Starck所設計的馬桶營造的簡樸空間。照明與衛生紙架排成一直線的設計非常出色。

右圖／書房的對側是浴室。具有宛如上澡堂般樂趣的浴室。左上／為了在入浴時聽音樂，而安裝了喇叭。從寢室旁階梯下的音響裝置播放喜愛的歌曲。左下／浴槽為Jacuzzi公司製。夫妻倆很講究水流按摩的高效果。

DATA

設計＝高安重一／Architecture Lab
家庭成員：夫妻2人　構造・規模：木造、地上3樓
浴室面積：5.15m²
攝影／桑田瑞穗

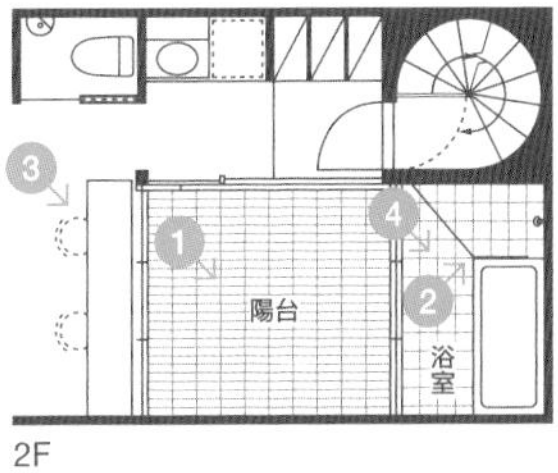


2F

上圖／長1800㎜的浴缸是Starck的設計。兩側都能躺臥。下圖／蓮蓬頭採用GROHE公司的恆溫式混合開關「Groh Thermo」。

櫃台下是開放式收納空間。不會累積灰塵與濕氣。

牆面單邊鑲上鏡子，另一邊則是空心玻璃磚。利用鏡子產生視覺上的廣度，從空心玻璃磚照入柔和的光線。

03
帶來舒適感的浴室

# 溫柔包覆浴室的綠色瓷磚

## 神奈川縣．M公館

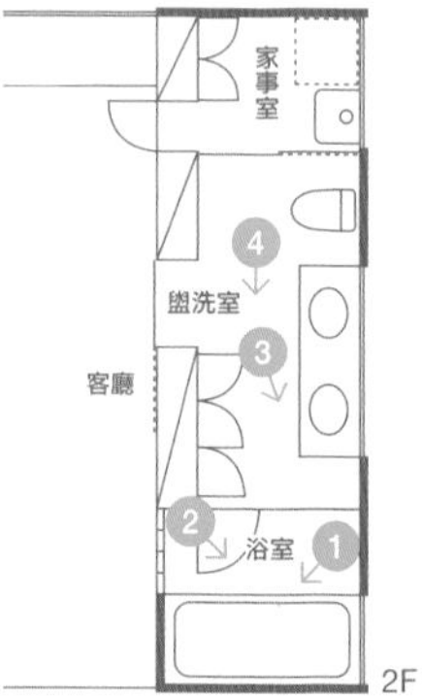

DATA

設計＝彥根Andrea（アンドレア）／彥根建築設計事務所
家庭成員：夫妻＋小孩1人　構造・規模：木造、地上2樓
浴室面積：3.67m²

4

瓷磚是NAGOYA MOSAIC的製品。綠色搭配黑色瓷磚縮小了空間。加上地板的完成，2座洗臉盆產生了空間的廣度。洗手台是一體成型的人工大理石。容易清理。

浴室薄荷綠的鮮明色彩映入眼簾。這是女主人長久以來，理想中的浴室。另一方面，男主人的要求是浴室空間要大。浴缸也是高個子的男主人能夠伸展雙腳的寬敞尺寸。

此外，這塊地位於可看見湘南海岸的高台，因此夫妻倆也希望能從浴室看到大海，但是，「在浴室裡度過的時間比客廳還要少。考量到優先順序，於是以客廳的面積與場所為優先」（彥根先生）。

結果，浴室是在看不見大海的北側，但卻不陰暗。玻璃窗使用毛玻璃讓光線進入室內，不論天氣如何都能獲得穩定的亮度。「天晴時洗臉台的鏡子會映照出大海的景色」女主人說。在以前的住居工作到太晚便會直接去睡覺的男主人也滿意地說：「浴室變得舒暢，現在不管多晚回來我一定會洗澡」。

攝影／石井雅義

# ARCHITECTS PROFILE

協力建築師介紹

介紹本書協力的建築師連絡資訊。
若是有「想嘗試住像這樣的家」、「想嘗試諮詢這位建築師」的意願，
請務必試著聯絡。

※以建築師姓名的五十音順序刊載。

## 駒田剛司＋駒田由香
駒田建築設計事務所

東京都江戸川区西葛西7-29-10
西葛西APARTMENTS#401
tel：03-5679-1045　fax：03-5679-1046
e-mail：komada@ppp.bekkoame.ne.jp

刊載頁數076

## 飯塚豐
i+i設計事務所（i plus i設計事務所）

東京都新宿区西新宿4-32-4 ハイネスロフティ
（＊譯註：建築物名稱）709
tel：03-6276-7636　fax：03-6276-7637
e-mail：yutakaiizuka2000@yahoo.co.jp

刊載頁數026

## 今野政彥
KMA／今野政彥建築設計事務所

東京都江東区深川2-23-8
tel：03-3630-0537
fax：03-3630-0537
e-mail：mail@kmarch.net

刊載頁數044

## 石原健也＋中野正也
denefes企劃研究所

東京都千代田区神田須田町1-32 福原ビル2F
tel：03-5297-5741
fax：03-5297-5740
e-mail：info@denefes.co.jp

刊載頁數006

## 莊司毅
莊司建築設計室

大田区田園調布南18-6 TCRE田園調布南1F
tel：03-6715-2455
fax：03-6715-2456
e-mail：shoji@t-shoji.net

刊載頁數102

## 內海智行
milligram architectural studio

東京都大田区久が原4-2-17
tel：03-5700-8155
fax：03-5700-8156
e-mail：info@milligram.ne.jp

刊載頁數082

## 高安重一
Architecture Lab

東京都台東区雷門2-13-3-2F
tel：03-3845-7320
fax：03-3845-7352
e-mail：info@architecture-lab.com

刊載頁數116、138

## 柏木學＋柏木穗波
Kashiwagi・Sui・Associates

東京都調布市多摩川3-73-1-301
tel：042-489-1363
fax：042-489-2163
e-mail：info@kashiwagi-sui.jp

刊載頁數050

## 長濱信幸
長濱信幸建築設計事務所

東京都新宿区高田馬場1-20-10-208
tel：03-3205-1508
fax：03-3205-1509
e-mail：nagahama-archi@s6.dion.ne.jp

刊載頁數110

## 甲村健一
KEN一級建築士事務所

神奈川県横浜市港北区新横浜2-2-8
新横浜ナラビル1F
tel：045-474-2000　fax：045-474-2100
e-mail：kohmura@ken-architects.com

刊載頁數062、136

## 彥根Andrea（アンドレア）
彥根建築設計事務所

東京都世田谷区成城7-5-3
tel：03-5429-0333
fax：03-5429-0335
e-mail：aha@a-h-architects.com

刊載頁數140

## 布施茂
fuse-atelier

千葉県千葉市美浜区幕張西6-19-6
tel：043-296-1828
fax：043-296-1829
e-mail：fuse@fuse-a.com

刊載頁數056、094

## 堀部安嗣
堀部安嗣建築設計事務所

東京都文京区小日向4-5-17-601
tel：03-3942-9080
fax：03-3942-9087
e-mail：horibe@yf7.so-net.ne.jp

刊載頁數032

## 本間至
bleistift

東京都世田谷区赤堤1-35-5
tel：03-3321-6723
fax：03-3321-6287
e-mail：pencil@mbd.ocn.ne.jp

刊載頁數012

## 並木秀浩
A-SEED建築設計

埼玉県川口市東川口4-10-20
tel：048-297-3102
fax：048-297-3108
e-mail：info@a-seed.co.jp

刊載頁數128

## 納谷學＋納谷新
納谷建築設計事務所

神奈川県川崎市中原区上丸子山王町2-1376-1F
tel：044-411-7934 fax：044-411-7935
e-mail：kawasaki@naya1993.com

刊載頁數122

## 西久保毅人
NIKO設計室

東京都杉並区上荻1-16-3 森谷ビル5F
tel：03-3220-9337
fax：03-3220-9337
e-mail：nishikubo@niko-arch.com

刊載頁數018

## 早草睦惠
cellspace

東京都大田区久が原3-12-3
tel：03-5748-1011
fax：03-5748-1012
e-mail：mutsu@c.email.ne.jp

刊載頁數070

## 彥根明
彥根建築設計事務所

東京都世田谷区成城7-5-3
tel：03-5429-0333
fax：03-5429-0335
e-mail：aha@a-h-architects.com

刊載頁數038

TITLE

大師如何設計：最理想空間規畫

STAFF

| | |
|---|---|
| 出版 | 瑞昇文化事業股份有限公司 |
| 作者 | 株式会社エクスナレッジ (X-Knowledge) |
| 譯者 | 闕韻哲 |
| 總編輯 | 郭湘齡 |
| 責任編輯 | 林修敏 |
| 文字編輯 | 王瓊苹　黃雅琳 |
| 美術編輯 | 謝彥如 |
| 排版 | 執筆者設計工作室 |
| 製版 | 明宏彩色照相製版股份有限公司 |
| 印刷 | 桂林彩色印刷股份有限公司 |
| 法律顧問 | 經兆國際法律事務所　黃沛聲律師 |
| 戶名 | 瑞昇文化事業股份有限公司 |
| 劃撥帳號 | 19598343 |
| 地址 | 新北市中和區景平路464巷2弄1-4號 |
| 電話 | (02)2945-3191 |
| 傳真 | (02)2945-3190 |
| 網址 | www.rising-books.com.tw |
| Mail | resing@ms34.hinet.net |
| 初版日期 | 2014年1月 |
| 定價 | 280元 |

ORIGINAL JAPANESE EDITION STAFF

| | |
|---|---|
| 封面攝影 | 牛尾幹太 |
| 封面設計 | 納谷建築設計事務所 |
| 編集協力 | 渡部美央 |
| AD・Design | ファンタグラフ |
| DTP | デザイン・シーズ |
| 室內設計圖 | 長谷川智大 |

國家圖書館出版品預行編目資料

大師如何設計：最理想空間規畫 / 株式会社エクスナレッジ作；闕韻哲譯. -- 初版. -- 新北市：瑞昇文化, 2013.12
144面；21x14.8公分
ISBN 978-986-5749-15-6(平裝)

1.房屋建築 2.室內設計 3.空間設計

441.58　　102025820